书山有路勤为径，优质资源伴你行

注册世纪波学院会员，享精品图书增值服务

李忠秋 著

STRUCTURED
THINKING

结构
思考力 **II**

透过结构看问题解决

电子工业出版社
Publishing House of Electronics Industry
北京·BEIJING

图书在版编目（CIP）数据

结构思考力. Ⅱ，透过结构看问题解决 / 李忠秋著. —北京：电子工业出版社，2021.10

ISBN 978-7-121-41962-1

Ⅰ. ①结⋯　Ⅱ. ①李⋯　Ⅲ. ①思维方法　Ⅳ. ①B804

中国版本图书馆 CIP 数据核字（2021）第 182296 号

责任编辑：杨洪军　　　特约编辑：王　璐
印　　刷：河北虎彩印刷有限公司
装　　订：河北虎彩印刷有限公司
出版发行：电子工业出版社
　　　　　北京市海淀区万寿路 173 信箱　　邮编　100036
开　　本：720×1 000　1/16　印张：13　字数：163 千字
版　　次：2021 年 10 月第 1 版
印　　次：2025 年 9 月第 18 次印刷
定　　价：59.00 元

凡所购买电子工业出版社图书有缺损问题，请向购买书店调换。若书店售缺，请与本社发行部联系，联系及邮购电话：（010）88254888，88258888。

质量投诉请发邮件至 zlts@phei.com.cn，盗版侵权举报请发邮件至 dbqq@phei.com.cn。

本书咨询联系方式：（010）88254199，sjb@phei.com.cn。

前　言

人的一生就是解决问题的一生，很多人穷其一生都在寻找各种解决问题的方法。

在我的管理咨询与培训生涯中，被问及最多的、与解决问题有关的问题，归根结底就两个。

第一个问题是：对于个人问题和企业管理过程中遇到的问题，为什么不能设计一个程序，这边把问题输进去，那边就自动输出解决方案呢？

我的答案往往会让提问的人失望，因为据我所知，根本不存在这样一套方法。世界上没有一个放之四海而皆准的答案。人生之所以丰富和有趣，正是因为有太多的可能性。虽然寻找答案的过程很艰辛，但正是在这样的过程中，我们获得了成长。

第二个问题是：解决问题是否只需要使用各种工具和方法就可以了？

虽然对解决问题来讲，工具和方法的确很重要，但是这些工具和方法只有建立在正确的思维方式的基础上才会发生作用。所以我认为，大家在学习使用各种解决问题的工具和方法时，更应该强调背后的思考方式。

而且我想提醒各位的是，每个人都可以成为解决问题的专家。你通过任何其他途径接触到的工具和方法（包括本书提供的），甚至外部的导师、解决问题的专家，都只能起到辅助作用。你一定要相信自己能够解决问题，并有解决一切问题的决心。

说到解决问题，我先考大家一个问题：如何把大象装进冰箱？

你会怎么回答？

我想很多人听到这个问题，可能就会回答两个字：呵呵。这段子也太老了吧？但你可能不知道，像这样的问题，是很多世界 500 强企业、顶级咨询公司、互联网龙头企业面试应聘者时出的题目。

这类题目考的是什么？它考的并不是应聘者天马行空的想象力，而是当应聘者面对这样一个看似无从下手的问题时，到底应该如何思考。因为越是这样无从下手的问题，越容易暴露你在思维方式上的一些弱点。

在解决问题的时候，你可能呈现出哪些不正确的状态呢？

一种状态是，你会着急忙慌地去找答案。

以刚才的问题为例。如何把大象装进冰箱？你在笑过之后，可能就真的去想了：我要怎么把它放进去呢？我要用什么人？用什么工具？你可能已经在思考这些问题了。这就是我提问的目的吗？事实上，"把大象装进冰箱"只是我给你布置的一个任务。在任务开始之前，你可能需要问我：为什么要把大象装进冰箱？也许，当你搞清楚我的真正目的后，你就知道根本不需要把大象装进冰箱。

另一种状态是，由于你着急忙慌地去找答案，所以很多时候你都是把一种"现象"当成了一个"问题"。

举个例子。我发烧了。对一个有经验的医生来说，他肯定会详细了解我发烧的原因。到底是受凉了、上火了，还是细菌感染或病毒感染？然而有的医生可能什么都不问，上来就直接给我做降温处理。在短时间内，我的体温可能降下来了，但这解决不了根本问题。所以这样的医生是不负责任的。

那么，着急忙慌地找答案或拿着现象当问题，这两种状态发生的原因是什么呢？原因就是——每个人都有自己的思维误区。

接下来做一个简单的小测试，看看你是不是也存在这种常见的思维误区。假设你身边有这样三个人，他们都想和你成为朋友，你会选择谁呢？

A：自由散漫，有婚外情，嗜烟酒如命。

B：获奖无数，品行端正，烟酒不沾，对婚姻忠贞。

C：不思进取，使用毒品，品行不佳，成绩较差。

在这三个人中，你希望和谁做朋友？

如果只看上面的描述，很多人可能觉得 B 这个人不错。你看 B 品行端正，而且挺靠谱的。那么 B 到底怎么样？他是谁？相信已经有人知道答案了，这个人是希特勒。

既然 B 不行，那你可能就要在 A 和 C 之间纠结了，这两个人看上去都有点问题。现在我可以告诉你，这里的 A 是富兰克林·罗斯福，美国第 32 任总统；C 是温斯顿·丘吉尔，世界历史上著名的英国首相。这个小测试，不仅告诉了我们人无完人，而且提醒我们不要太相信我们自以为的真相。

这个小测试反映的思维误区被称为"晕轮效应"。通俗点讲，晕轮效应指的是每个人的思维定式，就是当你看到一部分信息的时候，你大脑里的思维定式就自行启动了。这种默认的、自行启动的思维定式会受你看过的书、见过的人、走过的路、经历过的事情的影响。这种影响可能让你迅速就会联想到一些人，从而做出判断。一方面，这样的思维定式会帮助你快速地做出判断和决策，帮助你趋利避害；另一方面，这种思维定式有时候也会限制你的思维，它会让你陷入以往固定的思维框架，会让你的思考或看事情的视角不够客观、全面。

思维误区实际上展现的是人的非理性的一面。很多人都觉得自己在分析问题甚至做决策的时候，应该处于一种非常理性的状态，甚至在过去几百年中，人们对经济学的研究都是以"理性人"作为前提来进行的。直到一个人的出现，这个人就是丹尼尔·卡尼曼。

丹尼尔·卡尼曼是历史上第一个获得诺贝尔经济学奖的心理学家，他的一个重要研究就是"峰终定律"。"峰终定律"是指，人们对一件事情或对一个情况的整体判断，并不源于其对这件事情或这个情况的全部感受，而是源于其在高峰时刻的体验和结束时的感受。比如，当你读一本小说或看一部电影时，你最后觉得这本小说或这部电影好或不好，很大程度上取决于它们的结尾精不精彩。

既然人有不理性的一面，那么你在思考问题、分析问题的时候，就要刻意地运用自己理性的一面，只有这样，才能避免陷入默认的、自行启动的感性思维，即思维误区。一旦能够避免以上这些思维误区，那么你很可能就具备了善于解决问题的基本潜质。而当你真正成为解决问题的专家之后，就可以大展抱负了。

结构思考力®系列版权课程包含"结构思考力®透过结构看思考表达"和"结构思考力®透过结构看问题解决"两门版权课程。在过去的 10 年中，我带领团队将结构思考力的理念以培训课程的方式传递给了华为、阿里巴巴、招商银行等 3 000 多家大中型企业，其中中国 500 强企业 300 多家。2014 年，我出版了《结构思考力》一书，阐述了结构思考力在思考和表达中的应用，重点解决"让人们想清楚、说明白"这一问题。本书对应的是结构思考力在问题解决方面的应用，重点解决"没有方案时，怎么找到解决方案"这一问题。

本书的出版离不开"结构思考力®透过结构看问题解决"项目组几位同事的付出，具体包括：姚苏阳、赵智勇老师积极参与了课程研发环节，靳鑫、赵仁鑫、张玮、张学敏、丹宁、齐海林等几位老师在讲授过程中对课程不断地进行了修正、更新。经过近千天企业内训课程的打磨，才让本书的案例更加鲜活饱满，方法更具实用性。希望本书能为你找到问题解决之道！

目　录

解决结构化问题的底层逻辑

第一节　解决问题遵守的三个原则

现在，你可以试着运用理性的一面，重新思考这个问题：如何把大象装进冰箱？

首先要弄清楚：为什么要把大象装进冰箱？是为了给大象降温吗？是为了储存大象肉吗？还是为了把大象深度冷冻，未来某天把它重新唤醒？你会发现，目的不一样，方法也不一样，甚至有可能根本不需要把大象装进冰箱。

假设一定要把大象装进冰箱。接下来就要分析把大象装进冰箱的步骤。初步分析,步骤就三步:第一步,打开冰箱门;第二步,把大象装进去;第三步,关上冰箱门。你可能会说,这三步对解决这个问题似乎没有什么帮助啊!不要小看对步骤的拆解,通过刚才这三步,虽然问题还没有解决,但是距离答案已经越来越近,你也越来越靠近这个问题的本质。

接下来试着分析一下这三步:打开和关上冰箱门都很简单,唯一的难点在于怎么把大象装进去。在这一步,你需要思考:我需要一个什么样的冰箱?大概什么样的容量?这头大象要怎么装进去?是整个装进去,还是分开装进去?需要什么人来装?配套的工具是什么?只要我们回答出其中任何一个小问题,整个大问题就有可能得到解决。

你可能又要问了,这样一个把大象装进冰箱的问题,有必要讨论这么长时间吗?有必要!因为抛出这个问题的意义,其实并不在于解决它,而在于问题背后到底能够为你揭示一个什么样的道理。这个道理就是:当你解决问题的时候,实际上要遵循三个原则:所有的问题都有特定的目的;所有的问题都可以被拆解;所有的问题都有特定的逻辑和解决方案。

◀◀ 所有的问题都有特定的目的

在解决问题时,你不是单纯地为了解决而解决,也不是为了享受解决问题的过程,而是为了达成解决问题背后的目的。

就像上文那个问题,如果搞清楚了提问的目的(如为了给大象降温),你就会发现根本不需要把大象装进冰箱,毕竟降温的方式有很多。

再如，面对"减肥"这个"世纪难题"，你要先搞清楚减肥的根本目的是"减重""减脂""维持健康"，还是"塑形"。如果根本目的是减重，可以通过控制饮食的方式瘦下来，但长此以往身体未必会健康，形体未必会美观；如果根本目的是减脂，可以通过运动等方式，将脂肪转变成肌肉和力量，这会让形体看上去稍微消瘦些，但体重未必会减轻；如果根本目的是塑形，解决方案可能更加复杂，不仅需要饮食和运动的配合，还涉及某些肌肉群的整体协调训练。

因此，解决问题的目的构成了你解决问题的初心。

◄◄ 所有的问题都可以被拆解

要解决问题，就要先分析问题，而分析问题的过程就是不断拆解问题的过程。

问题就像一团乱麻，你需要抽丝剥茧才能找到问题的核心。这就是一个把整体拆解成部分的过程。

例如，任何一个结论都需要若干信息做支撑，任何信息都可以被分类（自下而上）和拆解（自上而下），这就是结构化思考的方式。在对问题的拆解过程中，你可以看到问题的结构和关键要素，这也是一个从整体到部分的过程。因此，在解决问题时，可以借助结构化思考的方式，从而将问题拆解。

这种对问题结构的清晰认识，构成了你解决问题的决心。

当然，光有决心还不够，光把问题拆解成部分也不够，因为部分一旦变成了毫无联系的碎片，就没有意义了。因此，还需要遵循第三个原则。

◀◀ 所有的问题都有特定的逻辑和解决方案

本书的名字叫"结构思考力",顾名思义,它是有关结构思维的。本书的主要作用就是帮助你在拆解问题的过程当中,找到解决问题的特定逻辑和结构。

依然以减肥为例。减肥的关键逻辑是,当卡路里的摄入量大于消耗量时就会胖,反之就会瘦。卡路里就是减肥这个问题的一个关键要素,减少摄入量、增加消耗量就是解决这个问题的基本方法。而具体要控制哪些食物的卡路里摄入量,控制到什么程度,有哪些方式可以消耗卡路里,以什么频次消耗,消耗到什么程度,等等,这一系列问题需要通过特定的逻辑进行分析。

可以说,结构思考力的问题解决方案给了你解决问题的信心。

以上就是我们解决问题时需要遵循的三个原则。那么,在面对问题时,我们该如何使用这三个原则来指导我们的行动呢?

让我们一起来思考这样一个问题:如何把 200 毫升的水倒入 100 毫升的杯子?

如何把200毫升的水倒入100毫升的杯子?

我事先声明，这绝不是一个纯粹的脑筋急转弯问题，而是一个真正需要解决的问题。

想到答案了吗？在以往的培训课堂上，很多学员都会七嘴八舌地抢着回答。有人说喝一半再倒，有人说换个杯子，当然，也有人给出了一个标准答案："把水冻成冰。"这个答案你想到了吗？没错，这是这个问题的标准答案之一。而我们此处的重点不仅是找到答案，而且要找到分析问题的思维过程。那么，为什么 200 毫升的水不能倒入 100 毫升的杯子？换句话说，为什么 200 毫升的水倒入 100 毫升的杯子会流出来？

有人说：这还不简单？因为你杯子小嘛，而且杯子又不像气球一样具备张力，无法随着水的增多而变大。

好，杯子小，水就一定会往下流吗？还有什么原因吗？当然有，因为地球有引力。

那杯子小、地球有引力，水就一定会流出来吗？还有什么原因吗？还有，因为水是液体。

好，现在先做个总结，水之所以会流出来，无外乎三个原因：一是杯子本身，如杯子太小或没有张力；二是外部环境，如地球有引力；三是水本身，如水是液体，会流动。

由此，可以将杯子、外部环境、水这三个因素视为分析这个问题的一个结构，根据这个结构，不仅可以把问题想全面，而且能分析得很清楚。如果从这三个维度分析，我们会发现很容易找到多种答案。例如，针对杯子的解决方案是换个大杯子，或者换一个有张力的杯子，但这里假设不让换。那就从外部环境分析，如可以把水和杯子拿到太空，有可能解决这个问题吗？理论上是有可能的，但可能这样做的成本太高了。那就从水这个因素去分析，把水从液体变为固体——冻成冰，就可以解决问题了。

那么，在找到结构之前，难道就没有解决方案了吗？当然不是，每个人基于自己过往的人生阅历，或多或少都会有答案，不过这些答案只是一些零散的、碎片化的答案。当你找到了一个结构以后，才有可能从全局的视角，把一个问题想得既全面又清晰。在解决"如何把200毫升的水倒入100毫升的杯子"这个问题时所运用的思考方式，或者说工具，叫作**金字塔结构图**，如图0-1所示。

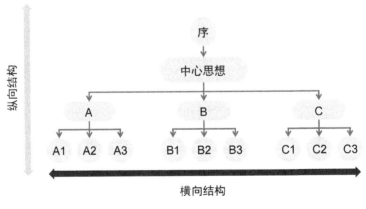

图 0-1　金字塔结构图

金字塔结构图因其形状像金字塔而得名。在这个结构图中，最重要的是被称为"中心思想"的部分。它指的是你当前面临的一个需要解决的问题。例如，"如何把 200 毫升的水倒入 100 毫升的杯子"，就是你面临的一个要解决的问题。基于这个问题，你可以逐层向下展开。

在这个结构图中有两个子结构，一个是**横向结构**。它指的是你对一件事情所能想到的广度。仍以上文把水倒入杯子的问题为例。影响这个问题的因素就三个，杯子、外部环境、水。在平时的工作和生活中，有的人特别擅长横向思考，这样的人有什么特点？思维发散，点子多，大家遇到事情特别喜欢问他，他一拍脑门就能说出三个点子。但是，如果你针对某个点子再问他怎么解决，他就不知道了。一般擅长横向思考的人的思维特别宏观，但往往不够具体和深入。

另一个是**纵向结构**。它指的是你对一件事情所能想到的深入程度。仍以上文把水倒入杯子的问题为例。你想到可以把水冻成冰，那接下来你可能就要具体想一想该怎么冻了。那些擅长纵向思考的人可能就会想，怎么冻得好看，怎么冻得省钱。但这类人很难想到，除了这个解决方案，还有哪些其他方案？是不是从杯子和外部环境这两个因素中也能找到解决方案？

不管是横向思考还是纵向思考，都是单一的线性思考方式。而**结构化思考是一种先总后分的立体化思维方式，它既能帮助你在横向上想得全面，又能帮助你在纵向上想得足够深入和具体。**

在解决"如何把 200 毫升的水倒入 100 毫升的杯子"这个问题的时候，你的思考方式代表了你平时在解决问题时的思考方式。你通常解决问题的过程是什么样的？很可能是看到问题之后本能地寻找一些答案。所谓本能，其实会受你过往人生阅历的影响。之所以会用本能去解决问题，是因为你的思考没有经过特别的训练，不一定能想得很清楚，导致你找到的解决方案未必是最有效的。

第二节　解决问题包含的三个层次

在第一节"如何把 200 毫升的水倒入 100 毫升的杯子"这个问题中，当你尝试用结构化的方法去梳理它时，就找到了杯子、外部环境和水这样一个结构，基于这个结构，你得出了新的解决方案。平时解决问题的时候，都会经历以下三个步骤：

第一步，明确自己遇到了什么问题，知道自己对这个问题原本是怎么思考的，只有知道了原来的思考方式，才能够调整它。

第二步，用科学的方法重新梳理思路，自己想清楚、想全面，从而针对问题做出有效的决策。

第三步，保证解决方案可以顺利实施，并让更多的人看到，这是一个向内或向外呈现的环节。

这三个步骤对应结构思考力的三层次模型，如图 0-2 所示。

- 理解：隐性思维显性化。理解问题，把握问题的本质，基于根本目的确定问题。

- 重构：显性思维结构化。拆解问题，找要素、会决策，基于关键逻辑找方案。
- 呈现：结构思维形象化。制订计划，呈现解决方案，基于计划去实施，展示成果。

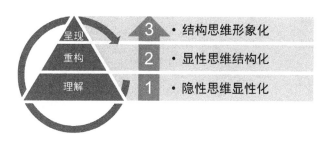

图0-2　结构思考力的三层次模型

在解决问题时，你会不断经历理解、重构和呈现的循环，所以本书也会基于理解、重构和呈现这个三层次模型来展开叙述。所谓理解，就是想清楚某件事情到底是不是一个真正的问题，是一个什么样的问题。所谓重构，就是把这个问题背后所有的要素重新进行排列组合，让这个问题的本质及解决方案自动呈现出来。所谓呈现，就是把计划变成可以执行的方案，并且在实施的过程中显示出整个方案带来的改变。本书把这三个层次又细化为五个步骤，如图0-3所示。

第三节将概述这五个步骤，具体内容将在本书第一章至第五章分别讲述。

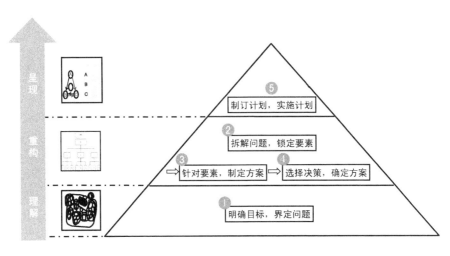

图 0-3　五个步骤

第三节　解决问题遵循的五个步骤

⏮ 第一步：明确目标，界定问题

在这一步，你需要非常清晰地认识到，**问题的本质是现实和期望之间产生了某种"差距"**，这种差距越明显，带来的势能越大，对应的问题也就越大。例如：

- 如何搞定上司？"搞定上司从而升职加薪"的期望与"搞不定上司"这个现实之间存在差距。
- 怎样完成工作绩效？"完成绩效名利双收"的期望与"完不成绩效"这个现实之间存在差距。
- 是否现在就要买房？"有房又有钱"的期望与"买了房就得勒紧裤腰带过日子"这个现实之间存在差距。
- 要不要换份工作？"工作越换越好"的期望与"生活中充满了

不确定性"这个现实之间存在差距。

- 什么时间结婚生子？"事业有成、妻贤子棒"的期望与"月薪三千、仍旧单身"这个现实之间存在差距。

小到"今天出门穿什么鞋"，大到苏格拉底的"我是谁、我从哪里来、我要到哪里去"的著名"人生三问"，这些问题的迫切性和重要性千差万别，但**所有的问题都有一个共同点：必须找到解决方案并实施，以解决问题**。而且，当一个解决方案被实施之后，就会产生无法改变的必然结果。正因如此，你必须寻求正确的解决方案——即使需要延长前期分析和决策的时间，或者前期需要投入更多的资源。

先回到"今天出门穿什么鞋"这个问题。之所以产生这个问题，是因为门口摆放的鞋子不能满足今天的出行需要，如今天天气的需要、场合的需要、身体状态的需要，或者与所穿衣服搭配的需要。因此，"门口摆放的鞋子"这个现实和"今天需要穿的鞋子"这个期望之间就产生了差距。要消除这个差距，就要找到解决方案，即"从其他鞋子中挑出一双合适的"。

因此，所谓"问题"，就其本质而言，就是现实和期望或者说现状和目标之间的差距。

举个例子。某企业遇到的问题是销售额不尽如人意，想提升销售额。这表明该企业目前的销售状况令人担忧，现有销售额并未达到预期的标准。因此，在提问题时，提问者要很理智地问自己一个问题：我想达到的期望值究竟是什么？这样的期望值是否合理？期望值的合理性决定了问题存在的必要性。

基于这一认识，你可以根据差距产生的形式，将问题分为三种类型，分别是恢复原状型、防范潜在型和追求理想型。当然，无论哪种类型的问题，也无论哪种形式产生的差距，你都要非常清晰地描述什么是现实，什么是期望。只有这样才能界定问题。

这里要借助几个工具，分别是：利用 5W1H 描述客观现实，借助SMART 工具搞清楚期望，以及使用问题陈述表界定问题。这几个工具将在第一章详述。

◄◄ 第二步：拆解问题，锁定要素

我一直认为，解决问题的核心在于拆解问题，如果能将整个问题分解成若干单元，各单元的解决难度就会大幅度降低。你会发现，也许只需要攻克其中某个单元，整个问题就能迎刃而解。麦肯锡咨询公司认为，绝大多数情况下，不会解决问题都是因为不会拆分问题的结构，无法厘清问题的种类，或者没有将那些有助于思考的辅助工具的作用发挥到极致。

举个例子。你上大学时会选择某个专业，读硕士时会选择某个专业下的某个研究方向，读博士时选择的往往是某个专业下某个方向的某个问题。而等你成为博士后之后，研究的就是某个专业下某个方向的某个问题的某个点。就是这个点的突破，有可能带动整个学科的发展，而学科的发展又可能带动整个科学的发展。

在"如何把大象装进冰箱"这个案例中，第一步是打开冰箱门，第二步是把大象装进去，第三步是关上冰箱门。一番分析之后你会发现，无论根本目标是什么，第一步和第三步似乎都没什么技术难度，唯一需要注意的是第二步。那就接着拆解：是冰箱的问题、大象的问题，还是装的方式方法的问题？再往下拆解……直至拆解成很小的点。只要解决了任何一个小点，整个问题就极有可能迎刃而解。这个拆解的过程，就是拆解问题的过程，就是找结构的过程。在拆解过程中，要注意以下两点。

拆解问题要符合 MECE 原则

拆解问题不是乱拆一气，而是需要遵守非常严格的拆解原则——MECE 原则，即"相互独立，完全穷尽"。在使用这个原则时，需要区分两种情况。第一种情况是，前人已经总结了一些经验，你可以借助前人的分类框架去拆解问题，这属于封闭式拆解；第二种情况是，没有前人的经验，或者是一个全新的问题，需要你凭借自己对 MECE 原则的理解进行问题分类和拆解。还可以根据对问题的了解情况使用不同的拆解方法。例如，对问题已经有了一定的认识，大致确定了解决问题的方向，或者有前人的拆解经验，这时候你可以使用自上而下的拆解方式；但如果既无方向，又无经验，你就需要使用自下而上的拆解方式，列出所有已知要素，不断地分类、汇总，最终搭建一个问题框架。

关键逻辑要符合归纳结构的三种顺序

在拆解关键要素的时候，如果你根本想不出几个解决方案，说明你的思维认知中还没有做到完全穷尽，此时就要用横向论证关键逻辑来帮助你完善思路。

所谓横向论证关键逻辑，指的是金字塔结构中的横向结构所需要符合的顺序，具体包含归纳结构中的时间、结构和重要性三种顺序。在拆解关键要素的过程中，你可以使用这些逻辑顺序，帮助自己拓展思路，找到更多解决方案。

当采用某种拆解方式和某种顺序，把问题从整体拆成部分后，问题背后的原因往往就隐藏在每个部分之中，只是这些原因有大有小，有显性的有隐性的，有先发生的有后发生的。如果你仅凭自己对这些复杂原因的感觉和印象，几乎无法最终确定真正的原因，因此你需要借助一些特定的工具，如定量原因分析工具。

后文将分别阐述自上而下和自下而上两种拆解问题的方式、使用演绎法和归纳法拓展思路的方式，以及拆解后运用定量原因分析工具锁定根本原因的方法。

◀◀ 第三步：针对要素，制定方案

很多人认为，解决问题最困难的环节是制定方案，但是读过本书你就会发现，只要在第二步将问题拆解得足够细致，足够符合逻辑，那么制定方案就没有那么困难了。

一种情况是，人类在以往的生产和生活实践中，已经积累了大量的、方方面面的解决问题的方法，这些方法绝大多数都是开放的、易得的。这是前人为我们留下的宝贵财富，要善加利用。你只需要找到自己遇到的问题与前人所遇到的问题的共性和区别，然后恰当地使用这些方法就可以了。

另一种情况是，你所面临的这个问题，可能以前压根就没出现过，是一个全新的问题，既没有显性的、开放易得的经验，也找不到具备隐性经验而不自知的人或组织。这时候你就需要老老实实地想方案、搞创新。不过，在创新方面，易得的经验太多了，本书会介绍几种实用的创新方法，让你在没有经验可以借鉴时顺利地找出对策。

在第三章，我会围绕"对标""创新"两个关键词展开叙述。

◄◄ 第四步：选择决策，确定方案

看到这一步，你可能会好奇：上一步不是已经开始制定方案了吗？是的，截至第三步，针对问题拆解后的核心要素，你已经开始找对应的解决方案了。而且根据对标和创新这两个方法，你一定可以找到不止一个解决方案。

此时的你将面临另一个难题：在这些方案中，哪个才是最有效的？哪个才是最适合的？由于时间关系或资源限制，现实不允许你挨个去试。因此，你需要一套方法，在诸多解决方案之中选择最合适的那个去执行。

这里，我为大家准备了三个有效决策的方法。

第一个是利弊图，如图 0-4 所示。它最适用于"二选一""是与否"的决策方式。利弊图有 3 个最主要的作用，即展示利害因素、促成创新和拓展思维。基本原理既可以参照物理定律中的牛顿第三定律，即每种力都有一个大小相同、方向相反的反作用力；也可以参照哲学中的辩证法，即凡事有利必有弊，利弊相依存。

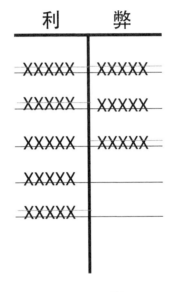

图 0-4　利弊图

第二个是二维矩阵，也称二维四象限法，如图 0-5 所示。它会根据事件、工作、项目等的两个重要属性作为分析的依据，形成属性分明的四种类别，便于你对其进行分类和分析，从而选择最适合的解决方案。

第三个是优选矩阵，如图 0-6 所示。它是美国运筹学家托马斯·塞蒂教授发明的一种系统分析方法，通过等级分析和授予权重，将项目方案进行优先级排序。当候选方案数目过多（超过 3 个），需要确定优先级时，可使用该方法。

图 0-5　二维矩阵

序号	选项	效果	投入	时间	副作用/反弹	艰难程度	合计	排序
1	选项1							
2	选项2							
3	选项3							
4	选项4							

图 0-6　优选矩阵

优选矩阵具备以下 3 个优点。

- 它是确定主要薄弱环节的一种有效手段，这些环节的运营可能已经严重阻碍或妨碍了主要改进目标的实现。
- 它提供了确立优先级顺序的可能性，以便把资源分配到改进过程中。
- 它有助于管理团队在优先环节方面达成共识。

优选矩阵的应用简单有效，适用于结构复杂并缺乏必要资料的情况，能够将决策者的主观判断和推理过程进行量化描述，避免复杂推理过程中的失误，可广泛应用于方案评比、资源分配和冲突分析等项目决策中。

◄◄ 第五步：制订计划，实施计划

这一步的目的和作用，我想借罗辑思维创始人罗振宇的一段话来说明：

"一位著名的德国将领坦率地说，战前必须制订作战计划，但一旦开战，所有的计划也就作废了。为什么？因为制订计划的目的，是统筹那些复杂的社会事务。只要是复杂的社会事务，一定会面临一个问题，那就是要面对有主动性、会根据情况调整自己行动的人。你可以计划自己该如何做，但是没有办法预测对方会怎么应对，一旦对方的应对超出你的预测，或者有其他的意外因素加入，整个计划就乱套了。既然如此，又有什么必要事先制订作战计划呢？有必要。计划不是用来不折不扣地实现的，计划实际上另有妙用，主要表现在以下三个方面。第一，制订计划的过程，本质上是一个统一上下的意志和决心、明确战略方向、盘清资源家底的过程。第二，计划能让临时应变者有一个资源框架可以利用。第三，计划可以形成一个个小型的执行模块。"

　　到这里，本书的主体框架就介绍完了，之后的五章将详细阐述解决问题所遵循的五个步骤。

第一章

明确目标，界定问题

把难题清清楚楚地写下来，便已经解决了一半。

——查尔斯·吉德林

"把难题清清楚楚地写出来，便已经解决了一半。"这是著名的吉德林法则，由美国通用汽车公司管理顾问查尔斯·吉德林提出。该法则的核心理念是：当问题出现之后，不要被问题或危机冲昏了头脑，并且自暴自弃，世界上所有不好的事情，只是在你认为它们不好的情况下，才会成为真正不好的事情；解决问题的关键是有条理地写出问题，并积极地去面对。这里有一个特别经典的故事。

英国麦克斯亚郡有位妇女向法院提起了一场诉讼，诉讼的对象是一家足球厂商——宇宙足球厂。这位妇女要求宇宙足球厂赔偿她 10 万英镑的精神损失费。而诉讼的理由在我们看来可能有点不可理喻，竟然是她的丈夫迷恋足球到了不可自拔的地步，严重影响了他们的家庭生活和夫妻之间的关系。

结果在宣判之前，这位妇女竟然得到了大多数陪审团成员的支持，也就是说，宇宙足球厂要面临败诉并且支付对方精神损失费的结果。这下宇宙足球厂的老板坐不住了。但该足球厂的公关顾问认为，这场官司即使打输了，也只需要支付一笔精神损失费，这样离奇的诉讼理由并不会给足球厂带来其他太多的负面影响。如果能够通过这场官司，把赔偿的钱"赚回来"，不就把问题解决了吗？于是，宇宙足球厂并没有在法庭上就如何打赢这场官司花太大的力气，而是反其道而行之，借助媒体的力量对这场官司大肆宣传，证明其生产的足球对球迷有如此大的吸引力。最后，虽然输掉了官司，但该足球厂因此而名声大振，销量在原有的基础上增加了四倍，可以说是因祸得福。

这个故事说明，解决问题的前提是清楚地找出问题，看到问题的症结所在，杂乱无章的思维是不可能产生有条理的行动的。

第一节　认清问题的本质

很多人天天都说解决问题，那到底什么是问题呢？举个例子。某企业的一位销售部负责人看了上个月的销售报表之后非常生气，把他的团队成员都召集起来，并质问他们上个月的业绩怎么这么差。这个时候团队成员的反应是不一样的。张三低着头，暗自想："一百万元的销售指标我才完成了五十万元，领导说得对。这个时候，我最好隐身，别让领导发现我。"他对负责人的批评心服口服。但李四就不这样想，他高高地昂着头，一脸怨怼地看着负责人，然后问："领导，我哪儿做得差呀？一百万元的销售指标，我完成了一百二十万元。"这个时候负责人才发现，要确定一件事是不是问题，要因情况而异、因人而异。

那到底什么是问题呢？刚才的张三和李四，一个有问题，一个没问题，是怎么确定的？问题其实是比出来的。谁和谁比？当然是当前的现实和我们的期望或目标相比。张三也好，李四也罢，他们一个心服口服，一个一脸怨怼，都是对自己所完成的实际销售额这个现实和领导下发的销售指标这个期望进行比较后的结果。

举一个现实中的例子。2020 年上半年，因为新冠肺炎疫情的暴发，很多人响应国家号召，开始居家抗疫，户外活动锐减。一段时间之后，大家才发现自己不知不觉间胖了很多，于是就面临减肥的问题。说到减肥这个问题，你觉得它的现实状态是什么呢？你可能说："这还用问？当然是'我太胖了'。"那你的期望是什么呢？不用说，一定是"我想瘦下来"。所以说，问题是现实减去期望得到的差距。你可以把它视为得出问题的公式，即：现实−期望=问题。

本节内容精要

本节只有一个重点内容，那就是问题的本质是现实和期望之间的差距。

第二节　分清问题的类型

现在，你已经明确了问题的本质：问题就是现实和期望之间的差距。但是我要提醒你，从时间维度看，差距可以是现实与历史之间的，也可以是现实与未来之间的。因为你的期望其实存在三种状态，即回到从前好的时候、保持现有好的情形和达到未来更好的状态。这三种不同的期望，对应了三种不同的问题类型，即恢复原状型、防范潜在型、追求理想型。

◄◄ 恢复原状型问题

恢复原状型问题是指需要恢复到原本状态的问题。这意味着，将现状与历史对比后发现，历史上的某个节点是最优状态或峰值状态，现状明显低于这个最优状态或峰值状态。遇到这种类型的问题时，人们一般会将原来的状态视为期待。例如：

- "我比去年整整重了 10 千克！"
- "公司的员工流失率同比增加了 13%。"
- "市场占有率与去年同期相比下降了 25%。"

解决这类问题的关键在于，找到导致情况发生恶化的原因，以便将现状恢复到以往的较高水平。以上述三个期待为例：

- "我比去年整整重了 10 千克"，那就要减肥。
- "公司的员工流失率同比增加了 13%"，那就要降低员工流失率。
- "市场占有率与去年同期相比下降了 25%"，那就需要增加市场占有率。

◄◄ 防范潜在型问题

防范潜在型问题是指需要预防损害发生的、潜在的问题，也就是现阶段状况良好，但未来有极大的可能发生损害，如果不采取某些措施，良好的现状将会变糟。遇到这类问题时，人们一般将现状视为期待。例如：

- "我是模特，我需要保持体形，必须远离暴饮暴食和久坐不动。"
- "公司处于高速发展期，要保证较低的骨干员工流失率。"
- "预计明年将有多款竞品入市，要想保持市场占有率，有一场硬仗要打。"

解决这类问题的关键在于，既要找到策略尽量避免损失的发生，又要做好损害随时发生的准备。以上述三个期待为例：

- 我要少吃多动，如果某天食物摄入量超标，我就应该立即加大运动量加以抵消。
- 公司应该在选、育、用、留方面增加对员工的吸引力，并制定应急措施，以应对流失率的突然增加。
- 竞品入市已成定局，我们能做的就是在产品、价格、渠道、促销等方面全方位出击，确保市场占有率不降低。

◄◄ 追求理想型问题

追求理想型问题虽然也是现状和期望之间产生了差距，但并不意味着现状发生了问题。它往往意味着现状已经不错了，但我们还想更好。对于这类问题，与其说是为了解决它们，不如说是为了实现自我提升。例如：

- "虽然我很健康，但从小到大我看起来都肉嘟嘟的，真想瘦成闪电。"
- "骨干员工流失率虽然只有 5%，远低于行业平均水平，但我相信，我们还可以做得更好。"
- "争取年底占领 50%以上的终端机市场。"

解决这类问题的关键在于，评价期望的合理性、必要性及自身资源的限制等，在不对现状产生严重干扰的情况下，勇于试错。

以上三种问题类型基本涵盖了人们所面临的绝大多数问题，本书主要讲述恢复原状型问题。因为发现问题通常是困难的，除非问题自己显现出来。就好比大多数情况下，只有开始流鼻涕或发烧了，我们才意识到自己感冒了，才想到自己好像太久没运动了，抵抗力下降了。要识别第二类和第三类问题需要很强的洞察力，这并不是本书的重点。

当然，无论哪种类型的问题，弄清楚现实是什么、期望是什么，对解决问题，尤其是对解决第一类问题来说，是十分重要的。

本节内容精要

本节介绍了三种问题类型：恢复原状型、防范潜在型和追求理想型。三种类型的问题看起来都不一样，但是底层逻辑都是现实与期望之间产生了差距，唯一的不同点在于期望是什么，差距在哪里。

第三节　确定现实与期望的一致性，界定问题

现在，你已经明确了问题的本质，也熟悉了问题的三种类型。不过对解决问题来说，这样套用公式、套用类型并没有太大的帮助。因为现实是好是坏很容易表述，但具体有多好、有多坏、哪里好、哪里坏，是很难表述清楚的。现实是这样，期望也是这样，问题自然更是这样。

下面提供了几种工具，可以帮助你更加清晰、准确地描述现实、期望和问题。

◄◄ 巧用 5W1H 描述客观现实

先来看看现实。什么叫现实？所谓现实，就是客观存在的事物或事实解释。那什么是客观的事物或事实解释呢？先来做一个小测试。请仔细看这幅图（见图 1-1）。

现在，请告诉我你看到了什么。有人说："我看到了一个女人，她扶着门，掩面哭泣。"有人说："我看到了一个女人，她扶着门，掩面偷笑。"有人说："我看到床上躺着一个男人，可能是喝醉了，这个女人看到他喝醉了特别生气。"还有人说："这个男人有可能病入膏肓了，这个女人非常伤心。"甚至还有人说："这个男人去世了，这个女人非常绝望。"……

我想问的是：你觉得这幅图背后的事实有几个？其实只有一个。那

为什么大家看到的都不一样呢？其实大家看到的并不是真正的事实，而是他们的过往人生经历在这幅图中投射出来的状态。还记得前面提到的思维误区吗？实际上这就是之前说的"晕轮效应"。有句特别有意思的话是"你以为你以为的就是你以为的啊"，这句绕口令式的话说明了一个道理，那就是你心里认为的事实，其实并不一定是事实，而是你的主观判断。

图 1-1　小测试图

怎样才能判断一个现实真的是一个客观事实和客观描述呢？需要借助一些工具。在这里，仍以减肥问题为例，如图 1-2 所示。

你需要判断"我太胖了"是不是现实。对一个模特来说，她明明已经瘦如闪电了，但她依然觉得自己很胖；对一些"中年大叔"来说，即便有"啤酒肚"，他们的自我感觉还非常良好。所以"胖"往往并不是一个事实描述，而是一种自我感觉。在结构思考力课程中，我称其为"观点"。

现实	期望	问题
我太胖了	瘦下来	如何瘦

图 1-2　减肥问题示例

怎样才能把观点变成现实呢？或者说如何才能从描述观点转变为描述现实呢？可以用 5W1H 工具。

5W1H 工具的内涵

下面介绍一下 5W1H 工具的具体内涵。

第一个 W——What。 What 指的是问题的性质，以及衡量问题的标准或依据。这些标准或依据主要分为两大类：一是公认的标准或依据，如行业标准、国家标准、国际标准或特定组织内规定的标准（如公司制度或规定）等；二是没有较高层次的统一标准，但有参照标杆，如对于服务水平的高低，并没有统一的标准，但可以在特定领域中选择一个比较好的标准作为参照，如餐饮业的海底捞、通信行业的中国移动等。

标准必须是客观的、大家都认同的。对于"胖"的标准是什么？

如果你经常健身，一定会听到一些标准，如体脂率、身体质量指数等。身体质量指数的计算公式是用体重除以身高的平方。例如，一个人体重 60 千克，身高 1.75 米，那么 $60 \div 1.75^2$ 就是这个人的身体质量指数（19.59）。这个数值可以用来评价这个人的身体状态。

因为一个人的健康和体重之间有着非常密切的关系，所以这个指标可以用来描述一个人的健康状况。对模特来说，可能还有三围标准等，而身体质量指数是一个通用指标。

第二个 W——Who。Who 指的是问题的相关方，即问题发生在谁身上，谁发现了问题。例如，针对人才流失问题，要明确人才流失发生在哪个部门或哪个层级，以及由谁来解决这个问题。在减肥这个问题中，Who 指的就是"我"。

第三个 W——Which。Which 指的是这件事情或这个问题的状况。例如，对于"我太胖了"这个现实，要描述一下"我"胖成什么样。是四肢粗壮、腰太粗，还是脸比较胖？甚至对于这三种描述，每个人的理解都不一样。例如，对于"腰太粗"这一描述，有的人认为只要腰上没有赘肉就行，有的人则恨不得自己拥有"蚂蚁腰"，否则就是"腰太粗"。所以说，这些描述还不够客观。

第四个 W——Where。Where 指的是空间或特定的领域。例如，胖在什么地方，全身性的还是局部性的，等等。

第五个 W——When。When 指的是时间范围，即问题是什么时候发生的，发生了多久。例如，"我"是从什么时候开始变胖的，等等。

最后一个 H——How。How 指的是这个问题的发展程度。以身体质量指数为例。现在你已经知道了这个指标，接下来就要算出你的身体质量指数。用这个客观标准衡量一下，你就知道自己到底胖不胖了。

在 5W1H 工具中，What、Who、Where、When 相对好理解，就是"谁在什么时候、什么地点发生了什么问题"。而 Which 和 How 同样是描述问题的状态，前者是定性的描述；后者是定量的描述，即用数字来呈现问题的状态。定性的描述其实是所有因素展开的核心，因为它代表了问题的痛点，正因为有了这个痛点，你才意识到这是个问题，才会对它进行定量的描述，逐步认清这个问题。

仍以减肥问题为例。你是如何意识到自己变胖的呢？你一定在没称重之前就已经通过一些迹象意识到自己胖了，如衣服小了、别人的评价、大肚子、双下巴……这些情况就是定性的描述，提醒你"我胖了"。"重了多少斤"则是定量的描述。

接下来看看对于减肥问题，应该如何用 5W1H 工具来进行客观的描述。先给出该问题的现实状态，如图 1-3 所示。

用 5W1H 工具描述如下：身体质量指数为 18.5~23.9，代表健康（What，标准和依据）；最近半年以来（When，时间范围），我（Who，主体）的体重已经超出了标准最高值 12 千克，身体质量指数为 28.5，达到 1 度肥胖的状态（How，定量的描述）；我体态臃肿，身材严重走样（Which，定性的描述）。

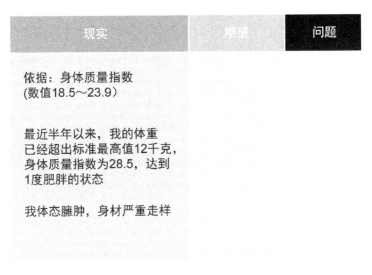

图 1-3　减肥问题的现实状态

有了这样的描述,你就对事实有了一个准确的判断和界定。如果一个人的身体质量指数为 17,那"我太胖了"这个现实显然不成立。而他想"瘦下来"的期望并不是真的基于"我太胖了",由此,"我怎么才能瘦"或"我为什么瘦不下来"就不是真正的问题了。由此可见,如果不对现实做清晰的判断,直接考虑如何解决问题,结果往往徒劳无功。

当你对现实有了清晰的认知和判断,确定问题(或差距)真实存在之后,就会对问题的解决抱有一定的期望,这个期望决定了问题的具体表现形式。简单地说,在事实的基础上,期望不同,问题就不同。或者说,有什么样的期望,就会有什么样的问题。

在 5W1H 工具中,有一个特别重要的指标,即 What,它必须是一个客观标准。为什么?因为你在判断问题的过程中会受到个人认知的影响。有的时候，你觉得某件事是个问题，但事实上未必如此。因此，只有与客观标准相比，你才能判断一个问题是不是真实的。接下来将介绍 5W1H 工具在问题认知模型中的运用。

5W1H 工具在问题认知模型中的运用

在问题认知模型中，横坐标代表认知，即你认为某件事是不是一个问题；纵坐标代表事实，即这个问题是否真的存在。这两个坐标叠加起来，组成一个四象限矩阵，如图 1-4 所示。

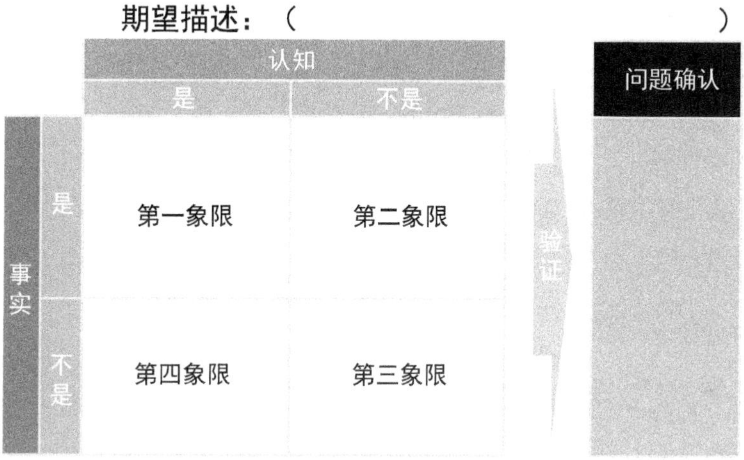

期望描述：（　　　　　　　　　　　　　　　　　　）

		认知		问题确认
		是	不是	
事实	是	第一象限	第二象限	验证
	不是	第四象限	第三象限	

图 1-4　问题认知模型

在图 1-4 中，第一象限和第三象限比较好理解。第一象限代表"我认为这是个问题，事实上它确实是个问题"，那么结论很明显：这肯定是个问题。接下来你就要按照一定的步骤和方法去解决这个问题。第三象限代表"我认为这不是个问题，事实上它确实不是个问题"，这种情况就很好办了——不用管它就好了。

需要引起重视的是另两个象限：第二象限和第四象限。

第二象限代表"我认为这不是个问题，但事实上它是个问题"。这种情况表明这个问题超出了你的认知范围。例如，在 2020 年年初，新冠肺炎疫情刚开始出现的时候，大部分人都没有意识到这是个问题，不是因为人们的防范意识薄弱，而是因为这件事超出了人们的认知范围。那对于这类问题，该如何识别呢？只能通过不断学习来扩大自己的认知边界。在日常工作中也经常出现这种问题。例如，某个流程你已经实践了五年甚至十年，可以说是一个非常成熟的流程，但是这个流程还能改良吗？还能优化吗？能被颠覆吗？这类问题属于前文所说的追求理想型问题，不是本书的重点内容，此处不再赘述。

最需要警惕的是第四象限的问题："我认为这是个问题，但事实上它并不是个问题"。要把这类问题识别出来，否则你就会为这些"不是问题的问题"浪费额外的精力和时间。

仍以减肥问题为例，如图 1-5 所示。你可以运用问题认知模型来再次判断一下。

针对"我太胖了"这个认知，可以用身体质量指数衡量一下。结果发现，你比标准体重要重 12 千克，达到了 1 度肥胖的状态。在这种情况下，"我太胖了"这个认知是成立的。另一种情况是，你觉得自己很胖，但用身体质量指数衡量之后发现，你的体重在正常范围内，甚至比标准范围内的最低数值还要低，这时你就会认识到，事实上你并不胖。也就是说，你所认为的问题，事实上并不是个问题，那为什么还要减肥呢？原因肯定不在于"我太胖了"，接下来就要继续探究真正的问题了。

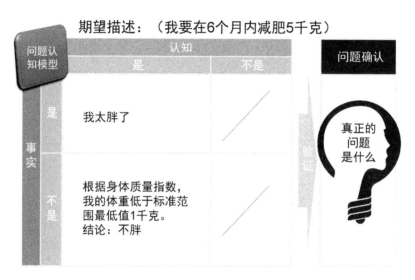

图 1-5 减肥问题认知模型

回想一下前文那些定性的描述：衣服小了、别人的评价、大肚子、双下巴……如果事实证明你并不胖，那这几个痛点代表了什么呢？衣服小可能是因为衣服缩水了，别人的评价可能是因为他们看花眼了或对你期待过高，大肚子、双下巴可能是因为你前几天熬夜水肿、过劳肥……或者有的人其实并不胖，他们只是把减肥作为一种生活方式而已。所以说，在解决问题的时候，首先要判断一个问题，要识别和描述一个问题，从而把不是真正问题的问题给剔除掉。

接下来再来看一个真实的企业案例。该企业的现实状态如图 1-6 所示。

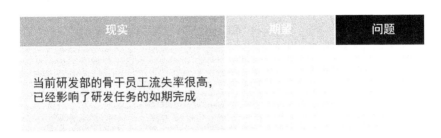

图 1-6　某企业的现实状态

在该企业中，当前研发部的骨干员工流失率很高，已经影响了研发任务的如期完成。在这一描述中，你觉得哪个词不够客观？当然是"高"。为什么？因为"高"是相对而言的，这只是一个主观判断，是一个观点。接下来让我们运用 5W1H 工具把这个问题描述清楚，如图 1-7 所示。

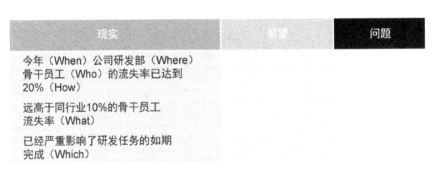

图 1-7　运用 5W1H 工具描述企业的现实状态

从图 1-7 中可以看出，这个问题的主体（Who）是研发部的骨干员工；流失率达到 20%（How）；这一问题从今年年初开始出现（When）。那 20%的流失率到底高不高？可以用客观标准来衡量一下。这里的客观标准选用的是同行业骨干员工的流失率 10%。和 10% 相比，20%当然是一个很高的流失率。如何定性地描述这件事情的客观状态呢？已经严重影响了研发任务的如期完成（Which）。

再回到减肥的案例，针对减肥这个简单的问题，使用 5W1H 工具描述成如图 1-8 所示这样，看起来就够了。

现实	期望	问题
依据身体质量指数(数值18.5～23.9)（What） 最近半年以来（When），我（Who）的体重已经超出标准最高值12千克，身体质量指数28.5，达到1度肥胖的状态（How） 我体态臃肿，身材严重走样（Which）		

图 1-8　运用 5W1H 工具描述减肥的现实状态

但是，如果我问你：你到底是从什么时候开始胖的？真的是因为疫情防控期间待在家中，运动过少导致的吗？还是你一直都比较胖？这两个问题对应的是两种不同的问题类型，而不同的问题类型，解决方案不一样。因此，有时候我们看似把问题描述清楚了，其实并没有。现实和期望之间的差距往往是由以下三个原因产生的。

一是用错了方法。就以我的授课方式为例，之前我一直采用线下授课的方式，并形成了一定的表达方式。新冠肺炎疫情暴发之后，很多课程改成了线上授课，甚至采用录播的授课方式，此时如果我仍然沿用过去那种表达方式，可能很快就会让屏幕前的学生昏昏欲睡——我从一位结构思考力讲师变成了一个"睡播"。

减肥的问题也一样，你原本的期望明明是让自己变得更健康，结果使用了各种饮食疗法之后，虽然体重减了几十斤，但头发也掉了一地。这就叫用错了方法。

二是突发情况。在这种情况下，方法还是原来的方法，但是因为有了新的变化，致使原来的方法失去了效果。例如，去年你的销售业绩非常好，于是年底的时候，你踌躇满志，给自己做了一个"大计划"，希望今年大展拳脚。结果今年一开年就遭遇了国际经济危机，所有的事情都发生了变化。这个时候，你今年所有的销售计划可能都要有所调整。

减肥的问题也一样，本来每天 20 分钟的锻炼就能消耗掉你体内多余的热量，但由于全球经济不景气，你最近开始在家待业，不用打卡通勤了，户外活动也减少了，原本 20 分钟的锻炼时间已经无法完全消耗你体内多余的热量了，这时你就需要大幅增加运动量，并适当减少热量摄入。

三是方法仍然有效，但期望定得太高。任何事情的发展都讲求循序渐进，在制订计划和目标时，不能太盲目。例如，今年你的销售业绩完成得特别好，所以你决定让自己明年完成今年三倍的销售量。结果就是，你这个期望很可能无法达成，因为它不够现实。

减肥的问题也一样，你管住了嘴、迈开了腿，每天掉秤几十克，但你仍不满足，想一天瘦两斤，可能吗？

一定要仔细判断，找出现实和期望之间的差距产生的真正原因。这一点并不容易做到，你要不断地梳理分析，甚至要进行大量的数据收集，才能够形成思路。在这个过程中，你还需要不断地澄清问题。

运用 5W1H 框架列出问题澄清清单

在这里，我为大家提供了一个详细的问题澄清清单，如图 1-9 所示。

What	标准是什么？
	标准是如何制定的？标准客观吗？
	一直是这样的标准吗？这个标准之前达成过吗？
	达成标准需要什么条件？
	什么情况下标准发生了变化？
	与这个问题相关的整个业务流程是什么？
Who	谁（哪类人）发生了问题？
	这类人的特点是什么？
	这类人与其他类别的人的区别是什么？
	这类人一直有这个问题吗？
	这类人中有多大比例的人出现了问题？
Where	什么地点/部位发生了问题？
	所有的样本都有问题还是部分样本有问题？
When	什么时间开始有问题？
	一直有问题还是偶尔有问题？
	以时间为轴，问题是否呈现出周期性和规律性？
	问题出现前后有什么条件发生了变化？
Which/How	问题呈现的数据是什么？
	数据获得的方式与标准（What）描述的方式一样吗？

图 1-9 问题澄清清单

下面具体分析该清单。

第一个：What。 这里的 What 仍然与标准有关。你要问自己：我的标准是什么？这个标准是如何制定的？标准是不是足够客观？一直都是这样的标准吗？

需要注意的是，这里一定要区分清楚标准和指标。指标是领导分派下来的一个任务，而标准是基于大数据分析，当数据达到一定的量级，就会呈现出一些特定的状态，即规律，也称为"常模"。只有客观的标准才能够被大多数人认同。举一个例子。有一次我在一家房地产企业上课，对房地产企业的销售人员来说，他们有一个重要的衡量指标，叫"费效比"。在整个楼盘的销售过程中，需要花费大量的市场营销费用，当楼盘销售结束时，用所有投入的市场营销费用除以楼盘的总体销售额，得出一个百分比，这个百分比就叫费效比。

这家企业当时在讨论一个问题，他们希望将楼盘的费效比从当前的 2.8% 降到 1.6%。在外人看来，也就下降一个百分点，好像不算什么难事。但我们都知道，大部分房地产项目的规模动辄十几亿元、几十亿元，一个百分点就是几千万元。我问他们的负责人："你认为这个客观标准是什么？"负责人说 1.6% 就是标准。我又问："那你这个标准是怎么来的？"然后他告诉我，这是他们公司的一个考核指标。注意，指标和标准是不一样的，指标可能就是领导分派给你的任务，可能你从未完成过。但是标准是基于大数据的。他们就问我这个标准怎么定。我回答说，要么使用行业通用的、大家都认可的一个数值，要么看一下你们企业中过往的费效比变化趋势，划定一个范围。

后来，他们总结出了一些经验值，不过不同的楼盘有不同的经验值。他们在考虑费效比的时候，会按照楼盘的大小及其销售难易程度，划分出四个象限，看看哪个象限中的费效比最低，即楼盘特别大，而销售难度特别小。那么，如何判断销售难度的大小呢？那就要参考同地段竞争对手的销售情况了。例如，同一个地段的两个楼盘，两者质量差不多，价格也差不多，但其中一个楼盘是精装修，那么这个精装修的楼盘就是一个强劲的竞争对手，不带精装修的楼盘销售难度就大，其费效比也高；如果一个楼盘体量非常大，同一地段又没有什么竞争对手，那么这个楼盘的销售难度就非常小，其费效比就会很低。

我接着问："你们划分的这四个象限中都有经验值吗？"他们回答"是的"。我又问："那你们这个楼盘属于哪个象限？"他们回答说属于销售难度最大的那个象限。那么，对于这个销售难度最大的象限，它的费效比标准是什么样的呢？他们给出了答案：通常是 2.4% 左右。这时他们意识到了：2.4%和 1.6%之间的差距实在太大了！接下来我又问了他们一个问题："公司在考核你们的费效比时，究竟是关注每个楼盘，还是说可能还有别的衡量标准？"他们回答说，实际上每个楼盘的费效比都会考核，但最重要的考核指标是公司在整个城市中所有项目的费效比平均值。

至此，沟通结束。接下来我们就开始找这个问题的解决思路：争取将公司在这座城市中所有楼盘的费效比控制到 1.6%左右。具体怎么做？第一步是将那些销售难度小的楼盘的费效比尽量再往下降一降。第二步是试着将那些销售难度大的楼盘的费效比从 2.8%降到 2.4%，即0.4 个百分点，这个不难实现。

所以说，不断地澄清问题的过程，也是一个帮助你不断地寻找解决方向的过程。

关于标准，还有一点需要关注，即这个标准之前实现过没有。我曾经在一个企业遇到这样的情况。我问他们的客观标准是什么，他们就给了我一个数据。然后我问："你们之前实现过这个标准吗？"他们回答："没实现过。"由此我推断出，这个标准一定不是他们企业内部的经验值，而是行业的经验值。由此我进一步推断出，这个企业的发展水平低于行业的平均水平。这说明这个企业内部存在很多系统性问题，要想实现标准，他们首先要与行业对标。

第二个：Who。对于这个问题，很多人都认为很简单，谁是主体还不清楚吗？其实在分析主体的过程中，你要不断地问自己一些问题。例如，这个 Who 代表哪类人？这类人的特点是什么？这类人与其他人的区别是什么？如果这类人一直存在这个问题，那基本可以判断这个问题是一个系统性问题，也就是上文所说的因为"用错了方法"而产生的问题。如果这类人中只有其中一部分出现了问题，那就可以判断这个问题可能是因为出现了"突发情况"而产生的。

举个例子。我曾经给一家企业的电销团队上培训课。当时该企业向我反映了一个问题，说电销团队呼叫中心的话务员都相对比较年轻，"90 后"比较多，他们有一个共同的特点，那就是拖延。这个企业遇到的问题是，怎样才能够让这些话务员不拖延？

我问负责人："既然你认为这些'90 后'拖延，那是所有人都拖延吗？"他回答说不是，不是所有人都拖延，有的人做得很好，甚至已经晋升到管理岗位了。那么，"什么人"拖延呢？我们根据该企业过往的数据进行分析，画出了一幅员工画像，找出了那些总是拖延的员工的特点。当然，这个规律并不具备科学性。但没关系，这也是个有价值的数据，至少在招聘的时候可以给招聘团队做参考。企业下次招聘的时候，可以把员工画像作为一个衡量标准，如果应聘者符合该画像的特征，那就慎重一点，多观察观察。

第三个：Where。Where 指的是问题发生的地点或部位。它对生产性问题特别有意义。举个例子。我曾经为一家制药企业提供服务。这家企业要求降低客户投诉率。我让企业把相关数据拿出来分析一下，看看客户的投诉主要集中在哪个部门。最后发现，投诉主要集中在制造部门。那么，具体集中在制造部门的哪类产品上呢？经过分析，大家说主要集中在 A 类产品上。那在 A 类产品中，是所有的产品都被投诉了吗？结果发现，是 A 类产品中某个阶段的某个产品被投诉得最多。那投诉的主要问题是什么呢？是贴错了标签。看，我们像剥洋葱一样把问题一层一层地剥开，就看到了这个问题的本质。

再举一个例子。一家生产卫浴产品的企业发现今年生产的马桶出货比较慢，产品在库时间比往年要长一些。结果有一批马桶还没出库就变色了。企业要找出变色这个问题的原因。于是，该企业开始自查：是所有的马桶都有问题吗？不是，是某些特定型号的马桶有问题。接着，企业沿着这个方向追根溯源，最后发现问题出在一些特定的供应商供应的某些配料上，使用了这些配料的马桶在生产和储存的过程中，就会出现变色问题。于是该企业判断，可能是供应商的原料存在问题。就这样通过一步步地深挖"Where"，问题的本质逐步显露出来了。

第四个：**When**。When 就是指问题是从什么时候开始出现的，是一直有还是偶尔有。如果一直有，就可以判断这是一个系统性问题。如果偶尔有，那就要看问题出现前后是否有什么特别的条件发生了变化。如果有，就要把这个发生变化的条件找到。

接下来再看，以时间为轴，这个问题会不会呈现周期性变化。对那些呈现周期性变化的问题，如人员流失率、销售业绩等，找出其变化周期或规律非常有意义。举个例子。我在给一家保险公司的销售团队上课时，该团队说当月的业绩没达标，希望找到办法提升业绩。我问他们："你们的业绩变化有没有周期性？"这里的周期性，就是大家熟知的淡旺季。如果当前处于所在行业的销售淡季，那么制定的目标和选择应对的方法，就要参考过往淡季的数据。如果当前处于所在行业的销售旺季，那就要参考过往旺季的数据。因此，在分析问题时，要把整个事情当前的所有状态了解清楚。

最后两个：**Which 和 How**。如前文所述，这两个词都是对问题的描述，Which 是定性的描述，How 是定量的描述。在此需要澄清有关问题呈现的数据，以及数据获取的方式与标准（**What**）中描述的方式是否一样。

至此，大家应该意识到了，这个问题澄清清单使用的是 5W1H 框架，但是内容更具体、更细化，需要关注的点也更多。现在把这个清单运用到前文讲述的减肥和骨干员工流失率这两个例子中，看看该如何使用这个问题澄清清单。

先说减肥这个例子，减肥问题澄清清单如图 1-10 所示。

5W1H	问题列表
What	标准是什么？（身体质量指数）
	标准是如何制定的？（基于统计数据，描述肥胖与健康的关系）
	标准客观吗？（国际公认标准）
	一直是这样的标准吗？（是）
	这个标准之前达成过吗？（偶尔）
	达成标准需要什么条件？
	什么情况下标准发生了变化？
	与这个问题相关的整个业务流程是什么？
Who	谁（哪类人）发生了问题？（我）
	这类人的特点是什么？（一直比较胖、易胖）
	这类人一直有这个问题吗？（是）
	这类人中有多大比例的人出现了问题？
	这类人与其他类别的人的区别是什么？（易胖体质）
Where	什么地点/部位发生了问题？（全身）
	所有的样本都有问题还是部分有问题？
When	什么时间开始有问题？
	一直有问题还是偶尔有问题？（一直）
	以时间为轴，问题是否呈现出周期性和规律性？（持续状态）
	问题出现前后有什么条件发生了变化？
Which/How	问题呈现的数据是什么？（我的身体质量指数和体重）
	数据获取的方式与标准（What）中描述的方式一样吗？（一样）

图 1-10　减肥问题澄清清单

首先看 What——客观标准。关于减肥的标准，此处选取了身体质量指数，它是用来衡量一个人的体重和健康状态之间的关系的。那这个标准是怎么制定的？它是通过大数据分析制定的，这个大数据分析可以表征人的体重在什么状态下比较健康。那这个标准足够客观吗？当然，这是一个国际标准，而且它有足够的统计数据做支撑。一直是这样的标准吗？是的。那这个标准之前达成过吗？偶尔达成过。这可能说明"我"从小就有点胖。

其次看 Who——主体。这个案例中的主体很明确，那就是"我"。那"我"的特点是什么？由于"我"只是偶尔达成这个标准，说明"我"一直比较胖，属于易胖群体，而且"我"一直有这个问题。

再次看 Where——部位。"我"胖的部位是什么？全身都胖。

然后看 When——时间。什么时间开始胖的？从小就这样。也就是说这个问题一直都有，呈现出持续状态。

最后看 Which 和 How——定性和定量描述。问题呈现的数据就是"我"的身体质量指数和体重，而且这两个数据的获取方式与上文标准中描述的方式是一样的。

分析完之后，可以在 5W1H 框架的基础上再补充一定的内容，让描述变得更详细一些，如图 1-11 所示。

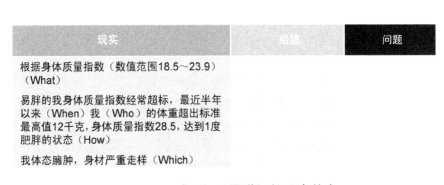

图 1-11　减肥问题更详细的现实状态

根据身体质量指数这一标准，18.5~23.9 是健康状态，而"我"是一个易胖的人，"我"经常超标，最近半年"我"的体重超出了标准最高值 12 千克，达到 1 度肥胖状态，所以"我"一直都不在健康标准范围内。"我"的状态是体态臃肿，身材严重走样。

再说骨干员工流失率这个例子。

前文提到，这家公司的骨干员工流失率达到了 20%，高于同行业 10%的标准。使用问题澄清清单把所有的细节进行深入剖析，最后描述如图 1-12 所示。

现实	期望	问题
去年9月，公司研发部（Where）集中攻关研制一个新产品，在三个月内（When），（司龄五年以上，绩优的）骨干员工（Who）的流失率已达到20%（How） 这一数据远高于同行业10%的骨干员工流失率，也高于公司骨干员工以往同期8%～11%的平均流失率，甚至高于同期普通员工12%的流失率（What） 这一问题已经严重影响了研发任务的如期完成（Which）		

图 1-12　骨干员工流失率问题更详细的现实状态

图 1-12 包含的信息如下。去年 9 月，公司研发部开始集中攻关研制一个新产品。这里交代了相关背景。在三个月内，骨干员工都呈现出 20%的流失率这一状态。这里还给"骨干员工"下了一个特别详细的定义，即司龄五年以上，同时过往的业绩考核都很优秀的员工。那 20%的骨干员工流失率有多高呢？它比同行业的 10%要高。这时就要看看公司的骨干员工流失率是否一直都比这个 10%的行业标准高。公

司内部数据显示，此前公司的骨干员工流失率是 8%~11%。除了骨干员工，普通员工的流失率是 12%。通过层层分析，你就会发现，该公司在这三个月内的骨干员工流失率过高的问题非常严重，它严重影响了公司研发任务的如期完成。

总结来说，所谓现实，就是而且一定是一个客观事实，解决问题的关键在于，如何才能把这个客观事实描述清楚。上述 5W1H 工具给出了一个清晰的思路。使用这个工具描述问题，然后结合问题认知模型确认问题的真实性，最后使用问题澄清清单来不断地深挖，最终找出问题的本质。这样，问题就解决了一大半。

◄◄ 借助 SMART 原则搞清楚期望

在生活中，很多人都认为自己是一个有追求、目标明确的人。如果你问他们对生活的期望是什么，估计大部分人都会回答说："我希望岁月静好，生活幸福。"那么问题来了，什么是幸福？如何定义幸福？又如何衡量幸福？如果没办法定义和衡量幸福，你就永远不知道自己到底是不是幸福的。你和别人的差距在哪里？你的问题又出在哪里？是你的存款不够多、房子不够大、孩子不够省心，还是有其他原因？如果你没有一个特别明确的、可衡量的期望，就会陷入间歇性或经常性的烦躁。

那到底什么是期望呢？

SMART 框架的内涵

所谓期望，就是人们希望达成的一个可见的、可感知的结果状

态。什么是可见的、可感知的结果状态呢？可以使用 SMART 框架来描述，如图 1-13 所示。

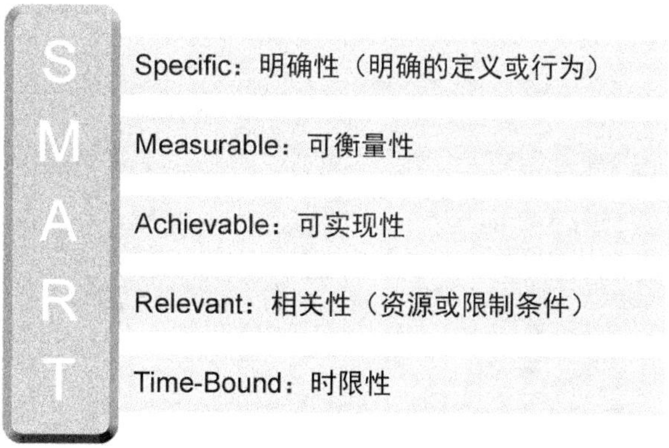

Specific：明确性（明确的定义或行为）

Measurable：可衡量性

Achievable：可实现性

Relevant：相关性（资源或限制条件）

Time-Bound：时限性

图 1-13　SMART 框架

SMART 是明确性（Specific）、可衡量性（Measurable）、可实现性（Achievable）、相关性（Relevant）和时限性（Time-Bound）的英文单词首字母。

S——明确性。明确性是指要给期望下一个明确的定义，或者给出明确的行为。例如，你的期望是"幸福"，而你将幸福定义为"有一定的存款"。再如，减肥、降低人才流失率、提高员工服务意识，这些属于明确的行为。

M——可衡量性。可衡量性是指期望可以被量化，并且可以用特定的方法来检测期望是否达成。例如，你希望存款达到一亿元，那你只需查一下银行账户就可以检验期望是否达成；你想减肥 5 千克，可以用体重秤来衡量；人员流失率可以用 HR 公式计算出来；而服务意识的提升就不能被衡量，需要把服务意识转化成可衡量的行为标准才行。所以说，一个量化的指标很重要，指标只有被量化，你才能知道是否能达成期望，在达成的过程中也才有成就感。

但是，有时候期望不容易被量化。例如，我在授课时遇到过一名学员，他希望能增强与领导之间的沟通，或者说改善两人之间的互动关系。这里的"增强沟通""改善关系"就不太容易被量化。如果遇到这种情况，即便不能被量化，也要给这个指标设定一个明确的行为描述。

A——可实现性。 可实现性是指期望要切合实际，能够实现。例如，"一周减肥 5 千克"这个期望，很可能就是不切合实际的。关于期望是否具有可实现性，可以通过相关性来判断。

R——相关性。 相关性是指资源或限制条件。有些事情的达成，会受到资金、制度、流程的限制。例如，你期望通过减肥 5 千克，使身体各项指标达到要求。此时，期望就不是相对独立的，因为在设定期望的同时还需要考虑健康。这就对采取何种减肥方式做了更具体的限制。因此，这里的相关性还有一层意思，就是在解决问题的过程中并不能随意调动所有资源，而是有一些边界和底线要求。例如，不能为了减肥而影响身体健康；不能为了降低员工流失率而随意增加工资成本等。这就是底线。在思考这个底线的时候，我们可以参考一个原则：无所不用其极！意思是，在解决问题时，如果觉得自己还没有"无所不用其极"，那就还没有突破底线，就要继续寻找底线在哪里。

T——时限性。时限性是指在什么时间点达成这样的期望。

至此，你可能已经发现了，SMART 原则中有四个是描述性指标，有一个是评价指标。四个描述性指标是 S、M、R 和 T，也就是说，在对期望的描述中，要体现出这四个指标。评价性指标是 A，用来评价期望是否达成。

这里还需要知道什么叫"可实现的"。

"可实现的"包含两个层面的内涵。第一个层面讲的是这件事情本身有没有人能够做到。例如，你给"幸福"这个期望下了一个可衡量的定义——拥有一亿元存款。这件事情有没有人能达成？当然有，对一些人（如世界首富）来说，这就是一个"小目标"。但对普通老百姓来说，这就比较难实现了。由此引申出了"可实现的"第二个层面的内涵，即当与你的资源限制、时间限制等匹配在一起的时候，这件事情还能不能达成。例如，对大部分人来说，在其现有的能力范围内，"今年年底存款达到一亿元"可能就是一个即便"无所不用其极"也无法达成的期望。因此，在判断一个期望是否可实现时，要将这个期望与自身的资源条件匹配在一起。

再举一个例子。你是某个部门的领导，现在部门缺人，想招两个符合条件的人。这个期望——招两个符合条件的人，可以实现吗？肯定能实现。在众多应聘者之中找到符合你的条件的人，这还是能做到的。但如果公司要求你在今天下午下班之前就把这两个人招聘到岗，那就很难实现了。所以说，"可实现"在这里更强调的是，在现有的资源条件和相关要求之下，这个期望能不能达成。

判断一个期望是不是可实现的，很大程度上受人们认知水平的影响。举一个例子，智能机器自诞生以来，就一直在与人的智慧进行对抗，很早之前就有了"人机大战"。历史上的第一次"人机大战"发生在20世纪90年代，IBM公司有一台机器叫深蓝，它与当时的国际象棋大师卡斯帕罗夫进行了一场比赛。这次"人机大战"的结果是什么呢？就是机器打败了卡斯帕罗夫。当时很多专家就开始进行各种分析，认为一台机器要想打败一名国际象棋大师还是很容易的，但是要想打败围棋大师，那就难了。他们还对此进行了一个推演，得出的结论是，机器要想打败围棋大师，大概还要再过五十年，怎么也得到2040年之后了。

但事实如何呢？2016年，谷歌研发的人工智能机器人阿尔法GO打败了当时的围棋世界冠军李世石，比专家们的预测提前了至少20年。那当时那些做出预测的专家们，难道没有经过思考吗？当然不是，只是当时人们的认知水平还不够。他们是按照当时的计算机运算水平来推测的。但为什么阿尔法GO很快就打败了世界围棋冠军呢？因为底层逻辑发生了变化——人工智能、自主学习等一系列技术的发展远远超出了人们的想象。所以说，对一个期望的判断，实际上是受认知影响的。

那么，了解这一点有什么意义呢？在判断一个期望是否可实现时，首先要看在现有的条件下，这件事情能不能达成。如果不能达成，可以采取两种方法，一种方法是进行颠覆，所以在创新中有一种方法叫"颠覆式创新"，就像人工智能。人工智能的方法，实际上就是把原有计算机的计算速度、迭代等方面的缺陷避免掉了。当然，在现实中，很多人根本无法实现颠覆式创新，那怎么办呢？可以采用第二种方法：重新设定自己的期望，把期望设定在一个合理的范围之内。

SMART 框架的具体运用

接下来我们看看在生活和工作中如何使用 SMART 框架来描述期望。

SMART 框架在减肥问题中的运用。对于减肥这个问题，我们的期望描述如图 1-14 所示。

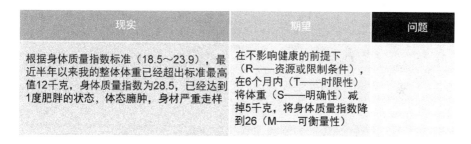

现实	期望	问题
根据身体质量指数标准（18.5～23.9），最近半年以来我的整体体重已经超出标准最高值12千克，身体质量指数为28.5，已经达到1度肥胖的状态，体态臃肿，身材严重走样	在不影响健康的前提下（R——资源或限制条件），在6个月内（T——时限性）将体重（S——明确性）减掉5千克，将身体质量指数降到26（M——可衡量性）	

图 1-14　减肥问题的期望描述

"在不影响健康的前提下"是限制条件；"在 6 个月内"表明了时限性；"将体重减掉 5 千克，将身体质量指数降到 26"就是一个可衡量的、明确的指标。用这四个描述性指标来描述减肥的期望，就比较清晰了。

最后不要忘了评价一下，即在这个资源限制条件下，这个目标能不能达成。只要方法得当，6 个月减肥 5 千克还是有可能的。判断的依据就是看身边的人是否达成过这一目标。我身边就有这样的同事，通过合理的饮食加上有效运动，3 个月后成功减肥 10 千克。但如果有人希望在不影响健康的前提下，6 个月减肥 20 千克或 30 千克，那可能就有点难度了。所以要判断目标的合理性，一旦不合理，就要重新调整。

SMART 框架在骨干员工流失率问题中的运用。 对于员工流失率问题，我们的期望描述如图 1-15 所示。

现实	期望	问题
去年9月，公司研发部（Where）集中攻关研制一个新产品，在三个月内（When），（司龄五年以上，绩优的）骨干员工（Who）的流失率已达到20%（How）	使公司研发部骨干员工流失率（S——明确性）	
这一数据远高于同行业10%的骨干员工流失率，也高于公司骨干员工以往同期8%～11%的平均流失率，甚至高于同期普通员工12%的流失率（What）	在三季度末（T——时限性）降低5%（M——可衡量性），以保证研发任务如期完成（R——资源或限制条件）	
这一问题已经严重影响了研发任务的如期完成（Which）		

图 1-15 骨干员工流失率问题的期望描述

"公司研发部门的骨干员工流失率"代表了明确性；"在三季度末"代表了时限性；"降低 5%"，即将骨干员工流失率从 20%降到 15%，就是一个可衡量的指标；"保证研发任务如期完成"就是限制条件。

接下来要思考一下，到底能不能在研发任务如期完成的前提下，让骨干员工流失率降下来？骨干员工流失的原因，可能是时间紧、任务重，大家实在承受不了工作压力。在这样一个限制条件下，到底能不能达成期望呢？这只能让问题提出方自己判断。如果期望超出了可实现的范围，实现的过程就会非常艰苦，而且这个过程也不会给大家带来成就感。这个时候，只要调整一下期望就好了。

综上所述，SMART 是一个可以用来描述期望的工具，其中 S 是明确性，M 是可衡量性，A 是可实现性，R 是资源或限制条件，T 是时限性。

◄◄ 使用问题陈述表界定问题

前面分别讲述了使用 5W1H 工具描述现状和使用 SMART 框架描述期望，下面讲述如何界定问题。

定义问题时的考虑事项

大家还记得问题的定义吗？问题是现实和期望之间的差距。有些人可能觉得描述清楚现实和期望之后，问题就一目了然了，其实不然。

定义问题的时候，除了识别问题的类型，还有两点需要考虑。

第一点是这个问题经常发生，你也不断地去处理和解决，可之前都失败了，那当它再发生时，你就要找找之前失败的原因是什么，再有针对性地给出一个适合的解决方案。

第二点是这个问题以前从来没有碰到过，这是第一次出现。此时只要找到解决它的方法就好了。对于这两点，可以总结为：面对过去找原因，面向未来找方法。

让我们来看看减肥这个问题。

如果你以前从来没有减过肥，这是你第一次意识到该减肥了，那就不需要分析以往没有减肥成功的原因，只要找到这一次对应的方法就可以了，如选择饮食方法或运动方法。而如果你之前已经减肥很多次，但从来没有成功，那就要找找没有减肥成功的原因。是用错了方法还是因为没有毅力？如果用错了方法，就要找到更适合的方法。例如，之前是选择跑步，现在可能就要考虑换一下去健身房了；之前是选择吃代餐，现在可能就要重新制定更加科学的饮食方案了。

那么，在描述清楚现实和期望，又考虑了上述两点之后，就一定能看到真正的问题吗？

大家还记得本书导论中讲述的解决问题遵守的三个核心原则吗？第一个原则是，所有的问题都有特定的目的。但本书直到现在都没有详述"目的"这个概念。那么，目的是什么？它和谁有关？目的和期望有关，期望是解决问题的方向，而目的是解决问题的初心。所有人都希望自己的方向和初心是一致的。在此，我给大家提供一个判断期望和初心是否一致的方法：

我的期望是＿＿＿＿＿＿＿＿如果这个期望实现了，能（不能）达成＿＿＿＿＿＿的目的。

其实就是问问你自己：我的期望是什么？如果这个期望达成了，能不能达成期望背后那个解决问题的目的呢？如果能，说明你的方向和初心是一致的；如果不能，你就要做调整了。

还来说减肥这个例子。

如果你减肥的目的是让自己变得更健康，并且使用了身体质量指数这个指标。那你可以这么说："当我的体重能够降到正常的范围时，我确实可以避免很多疾病，这就达成了我的初心。"但是，如果你减肥的目的只是追回那个嫌弃你胖而和你分手的男朋友，即

我的期望是<u>6个月之内减肥5千克</u>。如果这个期望实现了，能（不能）达成<u>追回男朋友</u>的目的。

那么，如果你真的在6个月内成功减肥5千克，你就能追回男朋友吗？事实上，"胖"很可能只是他在分手时提出来的一个借口而已。

那么，如果你的期望背后的目的实现不了，就说明你努力的方向是错的。这时，你就要好好想想到底应该如何定义你的期望了。

再来看看骨干员工流失率的例子。你的期望是在三季度末让研发部门骨干员工流失率降低5%，即从20%降到15%。如果这个期望实现了，能不能达成研发任务如期完成的目的？因为这个目的才是你所要解决的问题的一个核心。

我的期望是<u>在三季度末将研发部门骨干员工流失率降低5%</u>。如果这个期望实现了，能（不能）达成<u>研发任务如期完成的目的</u>。

事实上，即便这个期望实现了，研发任务也不一定能如期完成。为什么？因为最重要的骨干员工已经流失了，即便骨干员工流失率降低了 5%，任务还是很难达成。这个时候，就不能把努力的方向定义在"降低骨干员工流失率"这件事情上，而要看一看，为了保证研发任务如期完成，到底能做什么。有可能你需要选择外包或其他方式。

可见，在界定问题时，目的很重要。

那目的究竟是什么呢？这是一个新概念吗？其实不然。本书在之前的描述中已经包含了目的——对，就是 Which，一个定性的描述，代表了问题的痛点。这个痛点是你最初的感受，正是因为这个痛点，你才关注到这个问题，而解决痛点才是你最终的目的。

再给大家举一个例子。我在给一家企业上课的时候，学员们提出了一个问题：今年因为新冠肺炎疫情的暴发，导致公司内部有一些员工流失了，他们期望能够重启团队活动，进行团建。我就问他们："你们解决这个问题的目的是什么？"他们说主要是为了降低员工流失率。但他们的期望是什么呢？就是要举办团建活动。我继续问："如果团建活动做得很好，真的就能让员工流失率降下来吗？团建活动是解决员工流失率问题最核心、最根本的方案吗？"不一定。所以在这个时候，他们可能就要重新思考，在达成"降低员工流失率"这个目的的前提下，到底该如何定义问题的方向。

所以，在透过结构看问题时，虽然可以使用"问题=现实-期望"

这个公式，但在使用公式的过程中，还要发现公式背后的奥秘。下面总结一下透过结构看问题到底能看到什么。

第一，它是不是一个问题。一件事情是不是一个问题，由什么决定？由客观事实与你的认知是否一致决定。你要确保你认为的问题一定是一个真实的问题。在这里，我再次强调，你描述的现实必须包含 5W1H 工具中的 What——一个客观标准，要把你认为的情况与客观标准比较一下，如果真的存在一定的差距，那它就是一个真实的问题。

第二，它是一个什么样的问题。一个问题是什么样的，由期望和目的之间是否一致决定。只有当期望达成了，目的也能实现的时候，问题的努力方向才是对的。只有期望和目的一致，接下来才能进入解决流程。

使用问题陈述表

现在，你已经学会了如何清楚地描述现实、期望，并界定了问题。那么，在日常工作中，你如何把这个问题描述给别人呢？这里我给大家提供一个问题陈述表，如图 1-16 所示。利用这个表中的六个维度可以把问题清晰地描述出来。

维度 1：观点或背景。包括在现实中提到的客观标准是什么、现状是什么，以及这个现状表现出来的状态是什么。为了把背景讲清楚，还要弄清楚解决问题背后的目的是什么。

维度 2：标准。 标准其实就是指如何定义成功。它对应的是你在期望中设定的指标、衡量标准等。

目前的现实是＿＿＿＿＿＿＿（维度 1：观点或背景）。

如何在＿＿＿＿＿＿＿的条件下（维度 5：受到的限制），

得到＿＿＿＿＿＿＿的认可（维度 3：决策者）

和＿＿＿＿＿＿＿的支持（维度 4：相关方），

达成或实现＿＿＿＿＿＿＿目标（维度 2：标准），

从而在＿＿＿＿＿＿＿产生积极的影响（维度 6：涉及的范围）。

图 1-16 　问题陈述表

维度 3 和维度 4：决策者和相关方。 实际上这是把 5W1H 工具中的 Who 进行了拓展，即不仅要明确问题的主体，还要明确由谁来判断最后是不是真的达成了期望，以及涉及哪些利益相关方。

维度 5：受到的限制。 这里的限制更多的是指资源条件的限制。

维度 6：涉及的范围。 这里的范围是指时空范围。

六个维度分析完了，那怎样用一句话把这些信息综合在一起呢？

仍以减肥为例来陈述一次，你就知道应该如何把信息综合起来了，如图 1-17 所示。

很多疾病是由肥胖引起的，根据身体质量指数标准（18.5～23.9），
我的体重已经超出标准体重范围最高值 12 千克，达到了 1 度肥胖
的状态（28.5）（维度 1：观点或背景）。

如何在 6 个月内，在不影响健康的前提条件下（维度 5：受到的
限制），

自己下定决心（维度 3：决策者）

在家人、跑友的支持下，拒绝饭友、酒友的邀约（维度 4：相
关方），

实现减肥 5 千克，身体质量指数降到 26 的目标（维度 2：标准），
从而使我的体重达到标准范围，而且能够持续不反弹（维度 6：
涉及的范围）。

图 1-17　减肥问题陈述表

怎么样？问题是不是描述清楚了？

总结一下，本章一开始明确了问题的定义是现实与期望之间的差
距，然后介绍了如何使用 5W1H 工具对现实进行描述，以及如何使用
SMART 框架对期望进行描述，最后提供了一个问题陈述表，帮助你把
问题呈现给其他人。

第二章

拆解问题，锁定要素

第一章的主要内容是描述现状和期望，界定问题，帮助你彻底弄清楚问题的本质是什么。本章主要讲述如何拆解问题，找到影响问题的关键要素和关键逻辑。

大家还记得导论中提到的"如何把 200 毫升的水倒入 100 毫升的杯子"的问题吗？一开始大家凭借各自的人生经验，零星地找到了一些方法，而当我让大家根据金字塔原理拆解问题时，就找到了这个问题背后的结构，进而从不同的方面找到了很多解决方案。我在导论中介绍了一个金字塔结构图，那么应该如何利用金字塔结构图来表示问题呢？

现在重新看看金字塔结构图，如图 2-1 所示。

大家看到这个金字塔模型顶部有个"序"。这个序其实就是第一章分析过的问题的现实和期望，即背景和目的要先交代清楚。接下来的

"中心思想"就是引出来的主题，即到底要解决一个什么问题。确定了序和中心思想之后，就要着手搭建金字塔的纵向结构和横向结构了。在明确了真正的问题之后，向下拆解，在拆解的过程中，需要保证每个层面都能得到全面考虑。因此，拿到问题之后，拆解顺序是先纵向再横向，穷尽所有要素。

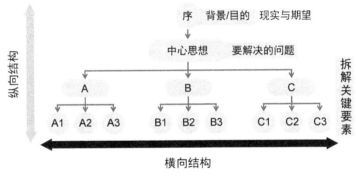

图 2-1　金字塔结构图

第一节　拆解问题需要遵从的原则

◄◄ 拆解问题要素要符合 MECE 原则

在正式拆解问题之前，要先做一些准备工作。下面请你做一道思考题，看下面这些点，你觉得它们看起来像什么？

很多人的第一反应是这些点一看就像小动物的爪印，如猫爪印、狗爪印。还有人觉得这些点看起来像盲文。也有人觉得这些点看起来像骰子上的点。我之前在讲课的时候，有位学员还给出了一个很有意思的答案，他说这些点像汽车。我问他是怎么看的，他回答说最上面那个点是驾驶室，剩下两个点是汽车的前后轮。甚至有位学员回答说这些点看上去像人头。哇！这是怎么看出来的？这位学员回答说：老师你从窗边往楼下看，楼下三个人一堆，正在那儿抽烟呢，这三个点不就是他们的三个头顶吗？

不得不说，有些人脑洞有点大。

这个小测试背后隐藏着一个特别有意思的现象。我的问题是：这些点看起来像什么？大多数人给我的答案都是每三个点凑在一起像什么。为什么会这样？其实心理学家早就发现了这个奥秘：人脑有一种自动把离得近的东西、相似的东西进行归类的能力。举个例子。古人夜观天象，发现天空北方有七颗星星，长得像个勺子，于是他们给这七颗星星起了个名字叫"北斗七星"。事实上，这七颗星星之间有什么关系吗？并没有，"北斗七星"只是人们为了便于理解和记忆而对星星进行的分类。分类是人类逻辑思维中最重要的一项能力，它甚至决定了一个人的整体能力。

每次讲到这就有人不理解了：谁还不会分类呢？我从小就会，怎么就能决定一个人的能力呢？

回到之前那个"如何把 200 毫升的水倒入 100 毫升的杯子"的例

子，有的人找到了很多答案，有的人一个答案都找不到。他们之间的区别，就在分类能力上。

分类不光对解决问题特别重要，在日常的交流中也很重要。举个例子，你要向领导汇报一件事，于是你找到领导说："领导，我要跟您汇报以下几件事……"你一口气罗列了十件，然后就愉快地离开了。过了几天，你去找领导："领导，对于前两天我向您汇报的第九件事，您有什么建议吗？"结果你发现领导一脸懵地愣在那里。你心里就开始想："哎呀，领导这记性也太差了！"

你还真冤枉领导了。

如果你善于观察，就会发现，通常一个人在没有经过特别训练的情况下，一次最多只能记三件事。如果这个人脑子稍微笨一点，有可能他一次只能记一件事。

一次最多说三件重要的事情，是有分类能力的表现。

这一点是有科学依据的。根据心理学家的研究结果，人在短时间内大概能记忆七个语义片段。因此，为了让别人记住你说的事情，我给你个建议：如果是书面表达，最多不要超过五件事；如果是口头表达，最多说三件事。在日常生活中，你可能遇到一些人说"我只讲三件事"，结果叽里呱啦说了一大堆。如果你遇到一个人说他要"说三件事"，而且他真的只说了三件事，那就说明他的分类能力非常强，他在说话时一定在脑子里对事情进行了快速的归类和整理。

你可以自己试着这样做。例如，你跟别人说"我就说三件事"，接下来会发生什么情况？可能你说完这三件事之后，发现还有两件事没说，而且不说不行。这个时候你可能会习惯地加一句过渡语——"我再补充两点"，这也说得过去。但尴尬的是下面这种情况：你跟对方说"我就说三件事"，结果前两件事说完之后，你的大脑一片空白，根本想不起第三件事了。这时候怎么办？说还是不说？在这种情况下，你可以说"我再强调一点"，然后把之前说过的一件事再说一遍就好了。如果你只想起一件事怎么办？那就变成了"我再强调两点"了，场面就真的变成了"重要的事情说三遍"。归根结底，之所以出现这两种情况，还是因为个人的分类能力不够强。

接下来再看一个例子。某部门新来了一个小姑娘，很优秀，还单身。公司的一位热心大姐要给她介绍个男朋友。于是一群人围上来问这男孩什么样。大姐是这么介绍的：小伙子可棒了！大高个儿、待人和蔼可亲、帅呆了、有人情味、思考逻辑性强、擅长数学、记忆力超群、很潇洒……一大堆信息摆在你面前，如图 2-2 所示。

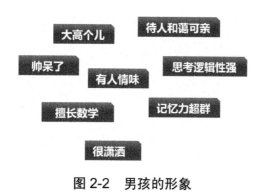

图 2-2　男孩的形象

听完之后，你觉得这个男孩怎么样呢？你可能就记住了"帅呆了"，或者是"大高个儿"，你脑子里并没有形成一个这个男孩的立体形象，怎么办？这个时候，你就要把信息进行分类。大高个儿、帅呆了、很潇洒，这说的是什么？这说的是外形、颜值。待人和蔼可亲、有人情味儿，这说的是什么？说的是这个男孩的性格。思考逻辑性强、擅长数学、记忆力超群，这说的是什么？这说的是能力，哪方面的能力呢？其实就是指智商高，"脑子好使"。分类之后，男孩的形象一下子就立体了很多，如图 2-3 所示。

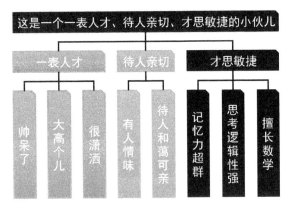

图 2-3 分类后男孩的形象

此外，如果表达的时候能带一些观点，那就更好了。例如，上文中的那位大姐可以这么介绍：小伙子特别棒，一表人才，待人亲切，还才思敏捷。这样，这个男孩的形象瞬间就立体了。

这就是分类。

那么，分类有原则吗？还是说怎么分都行？当然是有原则的。

MECE 原则，既是分类的原则，也是分类的方法。MECE 是四个英文单词的首字母，如图 2-4 所示。

图 2-4　MECE 的含义

ME 指的是相互独立。也就是说，一旦分类了，这一类中就不能混着其他类的东西。例如，水果这个分类中可以有苹果、橘子、梨，但不能有白菜。说到这里，有的人会说：这么简单，还会有人分错吗？的确，在生活中，你大概率不会分错，但在工作中就不一定了。有一次我和一组学员在讨论某个问题出现的原因，有个学员是这么跟我讲的："老师，这个问题是下面四个原因导致的：一是人的原因，二是制度的原因，三是流程的原因，四是领导的原因。"人、制度、流程、领导，看出问题了吗？他把领导排除在了"人"这个分类之外，听上去有点像说"领导不是人"。这就属于分类错误。

CE 指的是完全穷尽。也就是说，一旦分类了，就要把所有的可能性都包含在各类别中，不能没有穷尽。

下面我们用生活中的例子来将 MECE 的概念变得形象化一些。

怎样对人进行分类？通常大家的第一反应就是按性别分成男人和女人。好，就按性别分，那么，穷尽了吗？所有的人都包含进去了吗？要知道，世界上还存在双性人。想到这里，你可能再加上一个类别，把人分为男人、女人、其他人。如果分类中出现了"其他"，就说明你已经有了"完全穷尽"的意识了。但是，在了解了 MECE 之后，我会向你提出一个要求：不能出现"其他"这个分类，并且要完全穷尽。这样做有什么意义呢？你在和别人讨论问题时，如果别人说这件事你没想全，他是怎么知道你没想全的？因为按照你的分类维度，他还能找到别的可能性。因此，要尝试用 MECE 原则穷尽所有分类。

那么在对人进行分类这个例子中，到底应该怎么穷尽呢？到底怎么分才符合 MECE 原则呢？可以按照生理状态将人分为男或女，这是符合 MECE 原则的。还可以按婚姻状态将人分为已婚人士和未婚人士，这也是符合 MECE 原则的。但如果你把人分为男人和未婚女人，就违反了 MECE 原则中的"完全穷尽"。如果你把人分为男人和已婚人士，就违反了 MECE 原则中的"相互独立"。

在解决问题的时候，如果遵循 MECE 原则去思考，思路就会不一样。

下面看个例子。

假设你要开车去送货，车加货一共是 3.05 米高。结果路上你遇到了一个限高 3 米的隧道（见图 2-5），这个时候你该怎么做？

可以使用 MECE 原则来思考这个问题。挡住去路的是什么？就是这个隧道，面对隧道，你有几个选择？一共就两个选择：通过和不通过。这里的通过和不通过，就属于遵循 MECE 原则的分类。它们既不重叠交叉，又完全穷尽了所有的可能性。

图 2-5　隧道

如果你选择不过隧道，那接下来你该怎么做？可以绕路，或者换个交通工具，用直升机或无人机去送货。如果你选择通过这个隧道，那就要思考影响你过去的高度因素都有哪些。车的高度、货的高度和隧道本身的高度。这里的车、货和隧道，也属于遵循 MECE 原则的分类。它们既不重叠交叉，又完全穷尽了所有的可能性。如果是车的高度影响了你通过隧道，可以在车身上想办法。例如，给轮胎放点气，或者把底盘调低一些，甚至把整个车都换了。如果是货物的高度影响了你通过隧道，可以对货物做一些改变。例如，将货物重新码放、拆掉包装，或者将货物分批运过隧道。如果是隧道的高度影响了你通过隧道，那可以试着改变隧道的高度。例如，可以将隧道向上或向下进行拓高或拓深，这也属于遵循 MECE 原则的分类，向上可以凿一凿顶，向下可以挖一条沟。

针对这个问题，我在 2019 年给一家软件公司上课时，一位工程师采用二分法，以思维导图的形式进行了多层拆分，如图 2-6 所示。

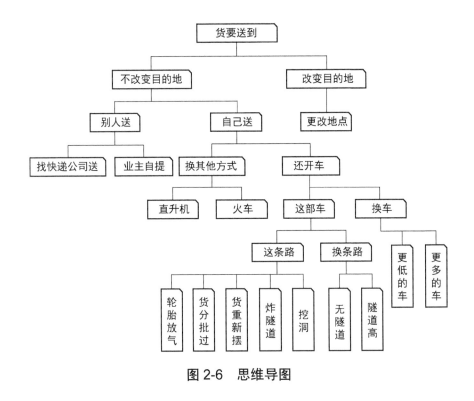

图 2-6 思维导图

他先关注改不改变目的地，如果目的地不变，则考虑是自己送还是让别人送。如果是自己送，则考虑是开车还是不开车。如果是开车，则考虑是开原来这辆车还是换一辆车。如果开原来这辆车，则考虑是走原来这条路还是换其他路。在思考过程中，他不仅拆分了车、货、隧道，连目标和送货人都考虑了。当我们遵循 MECE 原则不断拆分时，就会发现思路打开了，所有能拆的都拆掉，最终能列出很多方案。

所以，还是那句话，即便没有结构，你也一定有办法解决问题，但这些办法是你脑子里零散的、碎片化的答案。有了结构以后，你就可能想得既全面又清晰。

◀◀ 拆解关键要素时要符合归纳结构的三种顺序

归纳结构的三种顺序

在拆解关键要素的时候，如果你觉得很多解决方案根本想不到，说明你的思维认知还没有做到完全穷尽，接下来你就要用横向论证关键逻辑来帮助自己完善思路。那么横向论证关键逻辑讲的是什么呢？其实就是说要素之间的排列顺序很重要，你可以借助这些要素，依照按顺序建立的逻辑，进行一些反向推测、推理，从而把事情想清楚、想全面。

先来看一下这个小故事，初步了解一下这个顺序讲的是什么。

两个小和尚烟瘾犯了。

第一个小和尚问师父："师父，我念经的时候可以抽烟吗？"

师父说："休想！"

另一个小和尚也想抽烟，但是他这么问："师父，我出去抽烟的时候可以念经吗？"

师父一脸和善地说："当然可以！"

故事里的两个小和尚想做的事情其实是一样的，但因为他们表达的顺序不一样，所以师父的回应完全不一样。所以说，同一件事，排列顺序不一样，性质就可能不一样。

历史上还流传着一个曾国藩报战况的故事。当时曾国藩带领的部队连续吃了几场败仗，但他不说"屡战屡败"，而是说"屡败屡战"，这两个词传达出来的精神状态完全不一样。

再来看一个现实中的例子，让大家再感受一下顺序的重要性。

一家企业的内部培训师在向员工讲授与顾客拉近距离的技巧时是这样说的：

- 我一直保持微笑和目光的接触。
- 我不只回答顾客的提问。
- 我让顾客把话说完，不打断和猜测顾客还没有说完的话。
- 我提出适当的问题来询问顾客以保持对方的兴趣。
- 如果顾客表现出不耐烦或不希望被打扰，我会尊重顾客的意愿。
- 如果顾客在某种产品前逗留时间较久，我会温柔地再次询问顾客是否需要协助。
- 我会展现我的个人风格，提供我的个人建议。
- 我总是使用正面的语言。
- 当顾客没有购买什么东西离开时，我会递上产品宣传册，欢迎他们再次惠顾。

看完这几项内容之后，你能全都记住吗？很难。你会发现，培训师说的每句话都对，但把这些话放在一起后，你却不知道他说了什么。究其原因，就是这几句话不符合归纳结构的三种顺序——时间、结构和重要性顺序。

那么，结合 MECE 原则，可以使用哪些方式把这些培训内容归类，以更清晰地理解其含义呢？有人按照时间顺序对培训内容进行了分类，如图 2-7 所示。

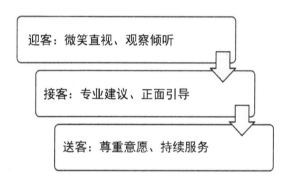

图 2-7　按照时间顺序对培训内容进行分类

你可以体会一下，分类后（即便是简单的分类），人们更容易记住培训师到底在说什么。当然你可能也发现了一个问题，那就是按照时间顺序进行的分类，并没有把所有的内容"穷尽"，如有的培训内容是各个时间段都需要做到的。因此，有人按照结构顺序对培训内容进行了分类，如图 2-8 所示。

看上去按照结构顺序进行的分类要比按照时间顺序进行的分类更加清晰一点。图 2-8 中的分类方法是：按照拉近与顾客的距离的整体行动的发生顺序，将整体行动拆分为不同的行为，排列各项培训内容，即从顾客最先看到的表情，到随之而来的动作，再到与顾客的语言交流。这种将整体切分为部分的方式，称为按照结构顺序进行分类。

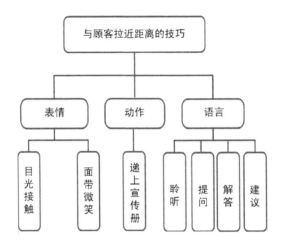

图 2-8　按照结构顺序对培训内容进行分类

还有没有别的分类方式呢？让我们再来分析一下，这些培训内容并不属于同一个层面，有些是对销售员的核心能力要求，有些是在不同情况下该如何应对的技巧。

如果按照重要性，我们可以将这些培训内容分为两个部分，第一部分是核心能力要求，第二部分是不同情况下的应对技巧，其中不同的情况又可以分为销售员主动发起的动作和回应顾客的动作，这种分类方式叫作按照重要性进行分类，如图 2-9 所示。

综上所述，归纳结构共有三种顺序。同一个问题或方案可以按照时间、结构和重要性三种顺序进行分类，如图 2-10 所示。

与顾客拉近距离：掌握核心要求，合理应对不同的情况

核心要求

1修炼内功

保持微笑　　目光接触　　个人风格　　正面语言

应对技巧

2主动出击

顾客在产品前久留时：
温柔地再次询问是否需要协助
顾客未购买离开时：
递产品宣传册、欢迎再次惠顾

3防守反击

提问题时：回答并提供建议
在说话时：不打断、不猜测
不耐烦时：尊重顾客的意愿
免打扰时：尊重顾客的意愿

图 2-9　按照重要性对培训内容进行分类

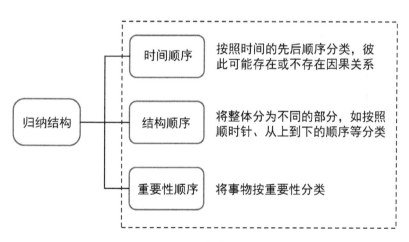

图 2-10　归纳结构的三种顺序

　　时间顺序比较好理解，如昨天、今天、明天，上午、下午、晚上，会前、会中、会后。结构顺序比较难理解，它分成两个维度。一

个维度是空间顺序，即物理世界中的顺序，如上、下、左、右，东、南、西、北；另一个维度是指某个概念的组成部分，如一个部门不同的岗位设置、不同的任务、不同的分工。重要性顺序也比较简单，如首先、其次、再次、最后等。

逻辑顺序可以指导我们解决问题

下面再给大家举一个例子，让大家了解如何在日常工作和生活中使用这三种顺序去分解问题。

2019 年英国发生了一起偷渡案件，当时英国警方在某港口发现了一辆大型货车，并在货车上的集装箱里发现 39 名死者，他们都是偷渡者。这 39 名死者身上没有任何能证明他们身份的文件。那么，警方该如何确认这些死者的身份呢？

很多人的第一反应是找司机、查车。当时英国警方确实也是这么干的，他们先扣住了司机，然后询问车是从哪儿来的。司机交代说车是他开来的，但是车上的集装箱是刚刚运来的。于是英国警方开始追查集装箱的来源。经过排查发现，这个集装箱是从海上运来的，发货地是欧洲大陆的比利时。于是英国警方就追查到了比利时的某个港口。

大家判断一下英国警方在追查的过程中用的是什么思考顺序呢？其实就是时间顺序，从英国港口倒推到比利时港口。

但是，这起偷渡案件的幕后主使很有经验，每个环节都被切割了，所以到了欧洲大陆这里，线索就断了。于是英国警方想到了使用结构顺序：既然这里有 39 具尸体，那一定有某个地方丢了 39 个人。因此，英国警方向全世界发出信息，调查哪里最近发生了群体性失踪事件。没过几天就调查到越南报了一批失踪人口，并在不久之后又报了一批，人数正好符合这批偷渡人员的人数。于是，这起案件就此破获了。

但是，假设英国警方向全世界发布信息之后，许多国家都报了失踪人口，如越南报了 500 名，柬埔寨报了 300 名，缅甸报了 1 000 名，泰国报了 3 000 名……在这种情况下，英国警方先去哪个国家做比对呢？先去哪个国家都可以。但这样就会导致工作量加大，而且没有明确的方向。

那么，还有更好的选择吗？这个时候大家可能会想：要不然先去经济发展差的国家？因为大家的共识是，如果这些死者来自经济发达的国家，那他们就没有必要偷渡到英国去。或者先去内乱最严重、国内局势最动荡（如发生了战争）的国家。又或者先去那些之前经常发生偷渡事件的国家。按照这样的结构顺序，思路就出来了。

当然，还有人提出应该先去与英国外交关系最好的那个国家，如缅甸。缅甸属于英联邦国家，其法律体系与英国相同，双方沟通起来会更加流畅。这个思路就是按照重要性顺序进行排查。

所以说，在实际工作和生活的许多场景中，都可以通过这三种顺序来分析问题、拆解问题。

本节内容精要

本节主要介绍了分类和排序的概念，为后面的拆解打下基础。MECE 原则的内涵是相互独立、完全穷尽，也就是分类的时候既要分清楚，也要分全面；既不重叠交叉，又要囊括所有的可能性。如果感觉自己的思路没有打开，可以使用归纳结构的三种顺序，从关键逻辑入手，这样既能打开思路，想到更多的可能性，还能在解决问题的过程中指导行动顺序。

第二节 拆解问题的方法

上一节我们讲了分类，分类是为接下来的拆解工作打基础的。那么，拆解问题具体是要拆什么呢？实际上是要拆问题背后的所有要素。这些要素有时是原因，有时是其他问题要素。大家还记得前文关于如何描述问题的内容吗？如果这个问题以前发生过，就可以找找原因要素；有的问题可能不需要找原因，而需要直接找其他问题要素。

举个例子。有家企业发展速度特别快。因为这是一家民营企业，所以在之前的发展过程中很多项目都是由大老板自己决策的。这很正常，创业公司、小团队都需要这样的领导者。但随着企业规模的快速增长，该企业进入了精细化管理的阶段，于是就产生了建立项目审批制的需求。那么，为什么之前没有实行项目审批制呢？可能是之前没想到，也可能是想到了但没有执行。但是这两个原因对这个问题并没有任何意义。

这个时候，就可以直接分析问题要素。

问题要素来源于对问题相关信息、数据的收集。数据分析通常包括四个步骤：原始数据收集、分类整理、处理计算、可视化结果。原始数据通常包含两个方面的信息：一是定性的证据类信息；二是定量的数字类信息。

数据的收集，是拆解问题的基础工作，而且在收集过程中往往会有其他收获。

我国军旅作家程光在他的《往事回眸》一书中记录了这样一个小故事：

在辽沈战役中，东北野战军前线指挥所有一门"功课"，那就是在夜间进行"每日军情汇报"，由值班参谋向司令林彪汇报下属部队报告的当日战况和物资缴获情况。

1948 年 10 月 14 日，东北野战军攻克了锦州之后挥师北上，与敌军精锐廖耀湘兵团在辽西相遇，一时间陷入苦战。

虽然战事胶着，林彪却仍然坚持每日聆听战况和物资缴获情况。一天深夜，值班参谋正在读报告，林彪突然叫了一声："停！"他的眼里闪出了一道光芒，问："刚才念的是在胡家窝棚那场战斗中的缴获情况，你们听到了吗？"

大家脸上一片茫然，不太清楚司令的意思。因为这样的战斗每天几十场，所有的数字都冰冷乏味，有什么问题呢？林彪扫视一周，见无人回答，就主动发出了三连问：

"为什么那场战斗中缴获的短枪与长枪的比例比其他战斗略高？为什么那场战斗中缴获和击毁的小车与大车的比例比其他战斗略高？

为什么在那场战斗中被俘虏和被击毙的军官与士兵的比例比其他战斗略高？"

接着，司令指着地图上的一个点说："我猜，不，我断定，敌军的指挥所就在这里！"

按照这个猜想，林彪布置了一系列行动，最终抓获了国民党名将廖耀湘，取得了辽沈战役的决定性胜利。

在这个故事中，我们可以看到，在这场重要的战役中获胜的一个关键因素就是林彪同志对数据的敏感性。这就是数据的力量。换句话说，在面对问题的时候，首先要尽量收集所有与问题相关的要素，然后才能进行后续的拆解。

拆解要素有两种方法：自下而上的方法和自上而下的方法。至于使用哪种方法，由具体问题决定。如果你不知道这个问题属于哪一类，也没有成熟的经验可以借鉴，这个时候就要用自下而上的拆解方法。所谓自下而上的拆解方法，就是运用分类汇总、搭建结构的方式，把问题的框架梳理好。如果你一看就知道这个问题属于哪一类，并且前人在这个领域已经积累了大量的经验和实践，有很多成熟的东西可以借鉴，那你就可以直接用自上而下的拆解方法。

接下来我们就来看看到底应该如何运用这两种方法。

◄◄ 自下而上，以事实为基础，通过有效分类找出关联

自下而上的方法就是当遇到一个问题，没有现成的经验可以借鉴

时，第一步是把这个问题中的所有相关要素列举出来，然后分类整理。

要注意，在分类的过程中，一定要遵循 MECE 原则：相互独立，完全穷尽。然后找到各类别之间的关联，建立层级框架。最后通过分析找到核心影响要素和关键逻辑。

简言之，自下而上的方法需要遵从以下四步：

第一步：列举相关要素。

第二步：对要素进行分类。

第三步：找出各类别之间的关联。

第四步：确认核心原因与关键逻辑。

那具体该怎么做呢？可以通过一个案例来感受一下。

A 是某项目的负责人，他的领导经常向他要项目数据，他每次都从同事那里收集数据，然后汇总给领导。

但是有一天 A 发现他给了领导数据后，领导还会向具体负责相关事务的同事要数据。于是他感到很受伤，也很迷茫，感觉领导不信任他：为什么我都给他数据了，他还向别人要？

在这段信息描述中，你发现了这个问题，但你并不知道它到底属于哪一类，也没有什么现成的经验可以参考。这个时候就要运用自下而上的拆解方法。

第一步，把所有相关的要素列出来，然后进行分类整理。在这个例子中，出现了哪些相关的信息呢？主要是领导向 A 要数据，他从同事那里收集数据后汇总给领导，然后发现领导又去向别人要数据，于是他觉得领导不太信任他。经过整理，你发现整件事涉及两个方面：一是所有的事情都与数据有关；二是涉及很多人，包括 A、他的领导和同事，他们在沟通的过程中，可能存在一些问题。

接下来，整理这些要素彼此之间的关联，以框架的方式呈现出来，如图 2-11 所示。

编号	列举相关子问题	子问题分类		找出各类问题之间的关联	确认关键逻辑
1	领导经常向A要项目数据	收集、汇总、汇报、核对	数据	1. 领导要的数据与同事提供的数据和A汇总的数据是否是一致的、完整的、准确的	在充分沟通的前提下，确认可能的关联问题，找到问题的核心，分析问题背后的关键逻辑（强因果）
2	A每次都从同事那里收集数据			2. 领导的工作方式是否有问题	
3	A将数据汇总给领导	领导、A、同事（沟通、领导习惯、信任）、信任	人际关系	3. A的工作方式是否有问题	
4	有一天A发现领导向负责具体事务的同事要数据			4. 跟同事有没有什么关系	
5	A感觉领导不信任他				

图 2-11　整理、分析问题，列出框架

A 遇到的问题是：为什么领导会再次向负责具体事务的同事要数据？

下面看看这个问题能分成几个大的类别。

第一类是数据本身的问题。在这个案例中，数据本身的问题有三个小类别。

第一，数据可能不完整。例如，数据可能有十五六个字段，而 A 自以为是地给领导挑了其中的七八个字段，领导觉得数据缺失，没办法进行完整的分析，所以重新找人要了一份。

第二，数据可能有错误。很多时候数据和数据之间需要逻辑自洽，领导可能发现数据本身存在逻辑问题。

第三，数据的应用场景不合适。

第二类是人的问题。在这个案例中，人的问题包含三个小类别。

第一，A 的问题。A 把数据给了领导，但他有没有问过领导这些数据符不符合要求？是否需要再做一些调整？如果没有，表明 A 可能工作很敷衍，认为只要把数据交给领导就行了，缺乏主动性。

第二，领导的问题。领导在给 A 布置这个任务之前，有没有告诉 A 要这些数据的目的是什么？需要什么样的数据？哪些数据对接下来的分析是有帮助的？如果没说，A 可能就意识不到这些问题，于是他只是按照领导表面的要求去提供数据，甚至在提供数据的过程中掺杂了自己的一些思考。此外，当 A 把数据汇总给领导之后，领导如果有意见，有没有把意见反馈给 A？还是说领导就是这样的人，他不光对 A 这样，对 B、C 也是这样，是一个不信任别人的人？

第三，同事的问题。也可能同事身份特殊，与领导关系不一般。

以上就是一个自下而上拆解问题的过程,如图 2-12 所示。

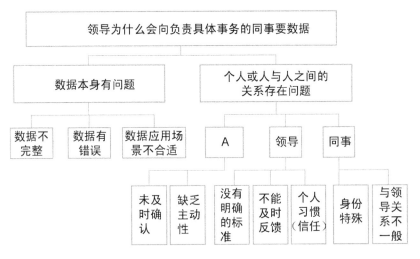

图 2-12 自下而上地拆解问题

再来看一个自下而上的案例。

一家企业的某个项目遇到了问题。大家都知道,项目往往不是一个具体的组织形态,大多数只是以项目的方式进行的一次松散合作。因此,在遇到问题时,经常发生互相推诿的现象,这就是一个"甩锅问题"。而现实中并没有人对甩锅问题进行过专门的研究,所以并没有现成的框架、经验可以借鉴,怎么办?

这时候,我们就要把项目中所有可能的问题要素都列举出来,进行分类整理。分类整理之后,你就会发现这个问题中的各要素可以分为五类,如图 2-13 所示。

第一类是"我"的问题。"我"是项目的参与者之一,所以这个问题必定跟"我"有关。

第二类是别人的问题。这个问题与甩锅给"我"的那些人也有关。

第三类是人和人之间的交流问题。

第四类是组织的分工问题。大家之所以能"甩锅"，很可能是因为组织对该项目的分工并不明确。

第五类是"锅"的问题，也就是说项目本身可能存在问题。

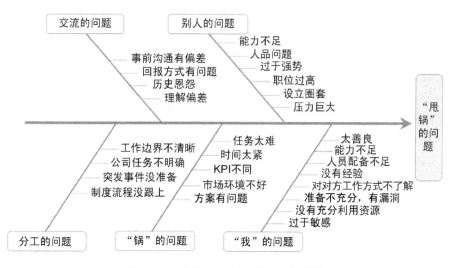

图 2-13 "甩锅"问题的要素分类

然后对这五类问题再归纳一下，你就会发现，"我"和别人的问题，都属于人的问题；交流和分工问题都可以视为组织的问题。从而，这个问题的所有要素最终可以整理为三大类：人的问题、组织的问题和项目的问题。这样就形成了一个框架，下次再遇到"甩锅"的问题时，就可以套用这个框架了。

所以说，即使平时遇到的很多问题都没有现成的解决框架可以参考，但只要你善于总结，每个问题都可以找出一个框架，未来解决同类问题时就可以参考这个框架。

◄◄ 自上而下，运用框架提高拆解效率

如果知道某个问题属于哪个类别，而且可以借鉴前人的经验和框架，就可以进行自上而下的拆解。

第一步，选择合适的框架。第二步，按照框架分类并细化问题。第三步，看看框架是否需要调整。第四步，分析问题背后的核心原因和关键逻辑。自上而下拆解的步骤如图 2-14 所示。

1	2	3	4
选择框架	按照框架分类并细化问题	调整框架	找到核心原因和关键逻辑

图 2-14　自上而下拆解的步骤

接下来我们通过一个例子来看看如何使用自上而下的拆解方法。

某公司去年销售目标为 5 亿元，实际销售额为 3 亿元。如果你是营销总监，如何解决这个问题？

显然，这是一个营销的问题。关于营销问题，早就有人做好了框架——科特勒的 4P 框架。4P 框架是科特勒根据多年的营销经验梳理出来的，具体是指产品（Product）、价格（Price）、渠道（Place）和宣

传（Promotion）。4P 框架如图 2-15 所示。

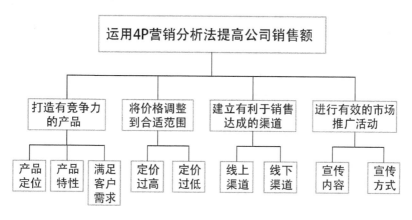

图 2-15 4P 框架

第一个 P：产品（Product）。 产品的定位是什么？产品的特性是什么？产品有没有真正满足客户需求？

第二个 P：价格（Price）。 根据不同的市场定位，制定不同的价格策略，当销售业绩不太好时，需要考虑价格是高了还是低了。

第三个 P：渠道（Place）。 按照现在的主流渠道，一般分为线上渠道和线下渠道两种。

第四个 P：宣传（Promotion）。 很多人将 Promotion 狭义地理解为"促销"，其实这是很片面的，其应当包括广告、公关、促销等一系列营销行为。

随着以用户为导向的理念的发展，人们在 4P 框架的基础上，又提出了 4C 框架，如图 2-16 所示。你也可以根据自己的需要来进行调整。

类别	4P		4C	
阐释	产品（Product）	服务范围、服务项目、服务产品定位和服务品牌等	客户（Customer）	研究客户的需求，提供相应的产品或服务
	价格（Price）	基本价格、支付方式、佣金折扣等	成本（Cost）	考虑客户愿意付出的成本和代价
	渠道（Place）	直接渠道和间接渠道	便利（Convenience）	考虑让客户享受第三方物流带来的便利
	宣传（Promotion）	广告、人员推销、营业推广和公共关系等	沟通（Communication）	积极主动地与客户沟通，寻找双赢的认同感
时间	20世纪60年代中期（麦肯锡）		20世纪90年代初期（劳特朗）	

图 2-16　建立在 4P 框架基础之上的 4C 框架

这就是自上而下的拆解方法，实际上就是利用现有的框架把问题拆解清楚。它非常符合前面讲过的解决问题三原则中的第三个原则：所有的问题都有特定的逻辑和解决方案。

◀◀ 常用的问题解决模型

现实中，在解决问题时，有很多框架可供使用，可以通过学习来收集这些框架。例如，通过读书、参加管理学方面的培训等收集大量的框架；使用网络搜索工具，如百度搜索、MBI 智库、维基百科、知乎等。

除了学习现有的框架，还有一些善于总结和思考的人会在解决问题的过程中整理出问题框架，在日后遇到同类问题时随用随取。

下面向大家介绍几种常用的问题解决模型。

逻辑层次模型

解决个人问题的时候可以使用逻辑层次模型，如图 2-17 所示。一个人之所以会有这样或那样的行为，是因为有很多因素在影响他。

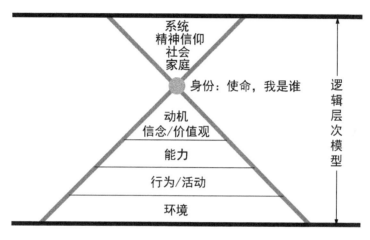

图 2-17　逻辑层次模型

第一个因素是环境。每个人都会面临一定的客观条件的限制，所以其行为也会受到环境的影响。

第二个因素是行为/活动。看一个人的行为或活动是否有别于常规。

第三个因素是能力。人们的能力不一样，所做的事情、所呈现的状态也不一样。

第四个因素是动机。动机就是指一个人有什么样的意愿。意愿决定了一个人做某件事、采取某种行动时的投入程度，投入程度不同，结果就不同。

第五个因素是身份。身份指的是个人使命，即做这件事的意义是什么。

最后一个因素是社会环境。包括社会的大环境、家庭、信仰等社会系统方面的影响。

利用逻辑层次模型，可以解决与人有关的问题。例如，你部门里有一名员工去年工作很努力，今年突然不愿意干活了，你想找出问题出在哪里。你可以使用逻辑层次模型，看看他有没有什么变化。例如，他的环境有没有变化？他的行为活动是否有异常？他的能力有没有提高？他的动机有没有改变？他是不是没有身份认同感了？他的整个精神信仰是不是调整了？等等。

再举个例子，看看如何使用逻辑层次模型把一个问题背后的影响因素想清楚。第一章我们提到一家企业的电销团队遇到一个问题，就是他们团队中"90后"员工特别多，大家觉得"90后"员工可能有点拖延。那么，如何用逻辑层次模型来分析这个问题？

首先，从环境因素看，环境对拖延者的影响是什么？一些客观存在的条件，如任务量特别大、工作非常琐碎，这会让员工觉得手头的事情太多，他们希望把手头的工作做完再去处理其他问题。这可能是造成拖延的客观原因。

其次，从能力因素看，如果一个人有非常强的能力来解决困难，那他大概率不会拖延。因此，总是拖延的人往往是因为能力有所欠缺，他们倾向于把最困难的事情放到最后来做。

再次，从动机因素看，可能电销团队中的很多人都不喜欢做这件事，他们只是把这件事当作领导分派的一个任务，差不多完成了就好。对于完成起来特别困难的事情，就会先放一放。

最后，从身份因素看，可能他们没有意识到做好这件事情可以给自己、其他人、整个公司带来什么样的价值。

通过这个案例可以发现，表面上看到的是一个人行为上的拖延，但背后还有这么多的影响因素。如果要真正解决这个问题，可以从不同的层次找到对应的解决方案。

吉尔伯特行为工程模型

吉尔伯特行为工程模型是在解决组织层面的问题（如绩效问题）时通用的一个模型，如图 2-18 所示。

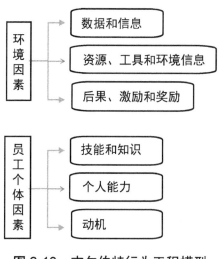

图 2-18　吉尔伯特行为工程模型

通常当我们说一个组织的绩效没有达成时，最容易想到的就是人出了问题，组织也愿意从"人"这个因素上着手解决问题。例如，和员工谈谈心，看看他的工作意愿如何，等等。那么问题来了：对于组织层面的问题，或者说对于企业内部的问题，到底是获得信息和数据更容易，还是改变一个人的意愿更容易？通常状态下，肯定是获得信息和数据更容易，人是最难改变的。

吉尔伯特行为工程模型列举了影响绩效的六大因素。从最后改变的结果来看，在这六大因素中，从上往下越来越难，是一个由易到难的递进状态。

如果进一步对这六个影响绩效的因素进行分类，又可以分为两类，一类是环境因素，如数据、信息、资源、工具等；一类是员工个体因素，如知识、技能、态度等。改变员工个体因素要比改变环境因素难得多，所以"从人的因素入手"，往往是错误的方向。另外，环境因素也被称为管理因素，对企业来说，影响绩效的 80%的因素其实都是环境因素。因此，要想解决绩效问题，应该先从环境因素入手。

举个例子。我曾经给一家金融企业上课，授课对象是该企业的销售团队。出于信息安全的考虑，企业要求所有人进入办公场地时均不能携带个人手机。因此，该企业在办公区前面的区域预备了一排物品箱，学员进入办公区之前需要把手机放进去。就这么简单的一件事，执行起来却并不顺利，经常有人偷偷地把手机带到工位上，如果他的手机联网了，可能就会发生信息安全问题。那么这个问题应该如何解决？

可以使用吉尔伯特行为工程模型分析这个问题背后的原因。

首先看环境因素。

第一，"不让带手机"这件事儿大家知道吗？知道，但大家对此没有足够的认识，这说明数据、信息给得还不够充分。

第二，在工具和方法方面，很多时候，大家觉得一件事情在办理的过程中，很多的操作都需要有所借鉴，企业却没有提供其他的支持系统。如果有其他的支持系统的话，可能就不需要拿出自己手机了。

第三，在奖惩方面，这件事情虽然三令五申，但看上去大家愿意遵守就遵守，不愿意遵守就不遵守，而且不遵守也没有人去追究责任。

其次看员工个体因素。

第一，从个人层面来讲，学员为什么要带着自己的手机呢？是因为他觉得有时候难免有一些重要的电话要接。而且中午他需要用手机订餐，带着手机就比较方便。

第二，从技能和知识层面来讲，银行推出了很多新产品，这些新产品的很多应用都是在手机 App 上操作的，如果学员对这些操作不是很熟悉，他们就需要不时地拿起手机练习一下、操作一下，这样他们在给客户介绍产品的时候才能说清楚。所以"带手机"说明他们在技能和知识方面是有欠缺的。

找到了这些因素之后，接下来怎么处理？

首先看环境因素方面。

第一，如果大家对这件事没有足够的认识，就需要企业不断地强调这件事的意义。怎么做？有学员就想出了一个好办法，他们做了一个屏保系统，只要学员登录办公操作系统，每隔一段时间系统就会跳出一个提示信息：请问你的手机有没有放到个人保管箱里？这样，这件事就变成了一件强制学员去做的事，学员不得不遵守。

第二，很多人反映他们之所以不愿意将手机放进保管箱一是因为保管箱的设计不是很好，大家放起来很麻烦；二是觉得这个保管箱没有装防盗锁，手机放在里面，安全性没有保障。于是，企业针对这种情况设计了一款符合人体工程学的保管箱，并加装了指纹锁，这下就既方便又安全了。

第三，又有人说，对操作系统不熟悉怎么办？于是企业又添加了一套支持系统，解决了这个问题。

第四，在奖惩方面，不一定非要采用物质奖惩的方式。有些人想出了一个有意思的奖惩方式：如果谁被发现把手机带进了办公区，就罚他跳个舞、唱个歌，或者设计一些比较搞笑的游戏环节，惩罚他把某个任务完成，并把整个过程录下来发到工作群里。

其次看员工个体因素方面。看看在知识、技能、态度层面是否可以找到一些解决方案。例如，对大家进行多次培训，提高大家使用产品的熟练程度。再加上企业添加了支持系统，这个问题很容易就解决了。

以上就是使用吉尔伯特行为工程模型来寻找问题背后的影响要素的方法。

鱼骨图

鱼骨图因其形似鱼骨而得名，最早应用在质量管理体系中。它是由日本管理学家石川馨提出来的，所以也被称为石川图，如图 2-19 所示。

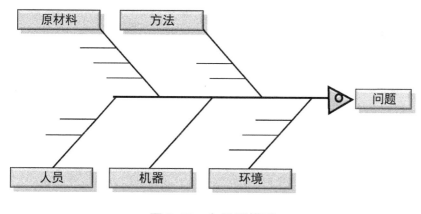

图 2-19　鱼骨图模型

通过图 2-19 可以看到，在鱼骨图的中间有一根主刺，代表面临的问题。从主刺向外延伸出一些大的副刺，代表问题产生背后的影响要素的分类。例如，在质量管理体系中，鱼骨图有五个大的副刺，分别是人员、机器、原材料、方法、环境，简称"人、机、料、法、环"。一旦出现了质量问题，就可以从这五个方面找原因。

副刺上还有更多的小刺，代表在这个类别中有哪些具体的原因，或者说有哪些具体的影响要素。

举个例子。某企业的某次会议开得不太好，可以说会议失败了。对于"会议失败"这个问题，就可以借用"人、机、料、法、环"这五个方面进行分析。例如，人员方面到底有什么问题？从这个副刺中，企业找到了三个问题：一是与会者迟到了，二是会议的主持人没有控制全局，三是与会者都不发言，从而导致整个会议的氛围和状态很沉闷。一番分析下来，形成了如图2-20所示的鱼骨图。

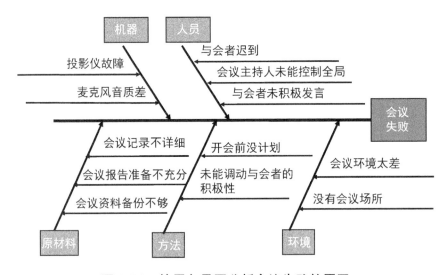

图2-20　使用鱼骨图分析会议失败的原因

鱼骨图既是一个解决问题的经验框架，也是一种状态呈现，让人们对问题一目了然。因此，一般在拆解问题的过程中，尤其是在自上而下地拆解问题的过程中，我会建议大家用鱼骨图的方式对问题进行拆解，然后将问题呈现出来。

5Why法

可能有人会问：自上而下的拆解方法只把问题拆解成了一个大框

架，那如何在问题中找到具体的影响因素呢？可以使用 5Why 法。下面举例说明。当你已经知道是人员的原因导致了问题的出现时，你就要找出在人员方面具体有哪些问题，为什么会有这些问题。通过不断地深挖原因，把副刺上的小刺丰富起来。

例如，在生活中，你可能会遇到这样的问题：

周三下班回家，你打开家门，闻到房间里有一股难闻的异味。你皱着眉头，心想：为什么房间里会有异味呢？你觉得可能是早上出门时没有开窗，或者是没有及时倒垃圾导致的，于是你赶紧把所有房间的窗户都打开通风。

这时候快递员给你打电话让你去小区门口拿一下快递，于是你急忙出门去取快递，顺便倒了垃圾。再次回家开门时，你发现难闻的异味并没有消散，所以你认为异味可能不是由垃圾和未通风导致的。如果不是垃圾和通风问题，那是什么问题？你开始在家里到处寻找，终于在厨房水槽下面的柜子里发现了一个盆，盆里盛着半盆黑乎乎的脏水，异味就是从这里散发出来的。于是你赶紧把脏水倒掉，打扫干净，又通了一会儿风，家里终于恢复正常了，你心想这下终于好了。

可等到周四下班回来，你一开门，又是那股难闻的异味。不是已经把脏水倒了吗？为什么臭味又出现了？你赶紧跑到厨房，打开水槽下的柜门，发现昨天洗干净的盆子里，又有半盆脏水。于是你赶紧给物业打电话，让他们来检修。物业的师傅来检查之后给你换了一根污水管，费用是 20 元钱。这时你突然想起来，这根污水管不是 2 个月前刚刚换的吗？也是 20 元钱，为什么这么快就坏了呢？

物业师傅也吐槽说，之前库房里的水管用完了，又采购不到原来的产品，物业只好临时买了一批，但是这批水管质量不好，导致很多人家用了一个多月就又坏了。最近两个月他们每天的检修和消毒任务本来就很重，结果因为这根水管，一天至少有七八家报修，又给他们平添了不少工作量。

看，对于"屋内有异味"这个问题，通过一层一层地追问"为什么"，不断地找到新的现象和背后的原因，最终了解到异味是由产品采购变更引起的。如果物业公司继续追问下去，或许还能找到其他一些更加深层次的原因，如采购制度有问题。

这就是我们所说的5Why法。

5Why法起源于丰田公司，最初用于解决生产中出现的问题。举个例子，车间有很多大机器正在运行，工作人员突然发现地面有一摊油污。接下来他肯定要看问题到底出在了哪里。第一步就是找保洁人员把这些油污先擦干净，不然的话可能存在不安全因素，所以处理油污是对应的解决方案。接下来就要针对油污开始提问了。**第一问：为什么会有油污呢？**答案就是因为机器漏油了。这个原因很好找，因为油污就位于机器的下面。好，针对机器漏油问题，我们可以做什么？当然是修机器了。**第二问：为什么机器会漏油呢？**工作人员在机器上找到了漏油的具体部位，而那个地方有一个垫圈，原来是因为这个垫圈老化了，导致它的密封性不够，所以就漏油了。针对垫圈老化问题，该怎么办？换垫圈就好了。接下来，**第三问：为什么这个垫圈会老化呢？**或者说一般垫圈都什么时候老化？别的垫圈可能用了三年才老化，这个垫圈用了一年就老化了。接下来，**第四问：为什么这个垫圈会提前老化呢？**经过一番研究，工作人员发现是因为做垫圈的原材料比较差。在这种情况下怎么办？可能就要考虑是不是要改变采购渠道，换一家垫圈供应商了。到这里，事情还没解决完，接着发出**第五问：公司为什么会采购这些质量差的垫圈**？原先买的垫圈挺好的，为什么要换成这种质量差的垫圈呢？原因可能是，公司需要控制成本，所以要把价格降下来。问到这里，你会发现对应的解决方案就不只是换垫圈了，可能需要对采购策略进行调整。到这里，我们已经问了 5 个 Why，那么还能不能继续问下去呢？如果再继续追问：**为什么我们要用低价格去采购这批垫圈呢**？最后发现是因为采购部门从年初就开始核算成本绩效了，以至于他们不得不降低所有材料设备的采购价格。

大家发现没有，一个简单的漏油问题，一步步问下去，最终找到了什么？是采购部门的绩效考核方式导致采购策略出了问题。这就是 5Why 法的实际应用，通过不断地问为什么，找到问题背后的真正原因。

运用框架解决实际问题

接下来看一下在运用自上而下的方法的过程中，我的学员都做过哪些框架。

案例 1：使用吉尔伯特行为工程模型分析销售问题。某企业是一家以渠道销售作为主要销售业态的服装企业。该企业现在遇到的问题是销售业绩达不到预期。针对这个问题，如何运用一些框架进行分析？在这里，该企业使用了内部因素和外部因素的一级框架，这其实是一个普适的框架，因为很多人在解决问题时都会习惯地想到内部因素和外部因素。该企业使用的分析框架如图 2-21 所示。

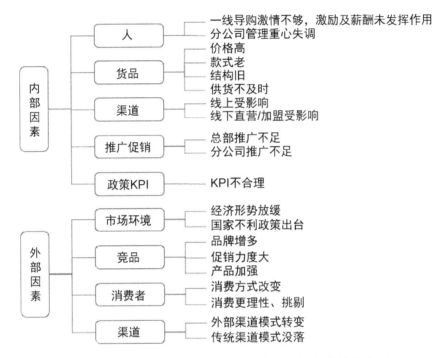

图 2-21　使用吉尔伯特行为工程模型分析企业销售问题

在"内部因素"这个一级框架中，如何选择对应的二级框架呢？别忘了，前面讲过 4P 和 4C 框架。既然这是一个与销售有关的问题，那一定可以用 4P 框架。于是这家企业尝试着把这个框架稍微拓展了一下。

首先看 4P 部分。在"货品"二级框架中，包含了产品的价格、款式、结构。

在"渠道"二级框架中，渠道分为线上渠道和线下渠道，而线下渠道又分为直营和加盟两种。

在"推广促销"二级框架中，把具体的推广动作和推广策略做了区分，分为总部推广和分公司推广。

这就是 4P 部分。但是，除了 4P 部分，该企业觉得人的因素在这里也很关键，所以把人的因素单独列了出来。而推广政策也是一大影响因素，所以该企业将其与促销进行了拆分，单独列了出来。

以上就是影响该企业业绩的这些关键性的内部要素。

其次看外部因素。外部因素是什么？就是大环境，包括目前的市场、该企业竞争对手、消费者，以及其他的渠道模式，这些都称为外部因素。所以，第二级的框架也可以按照该企业找到的现成框架建立起来。

二级框架做好之后，没有现成的三级框架了，怎么办？那就用 5Why 法。例如，该企业看到了货品的问题，那就问问为什么是货品的问题，以及货品哪里出了问题。如果该企业找出是货品的价格存在问题，那就问问价格是高了还是低了，为什么自己的价格比较高或比较低，为什么会调整价格。接着继续提问，把所有的影响因素都呈现出来。

案例 2：使用鱼骨图分析企业招聘问题。某企业在解决"招人难"的问题时，也采用了自上而下的框架，并且一级框架也使用了内部因素和外部因素。其中，内部因素包括发展平台、公司待遇和招聘渠道；外部因素包括地域、社会因素和行业因素，如图 2-22 所示。

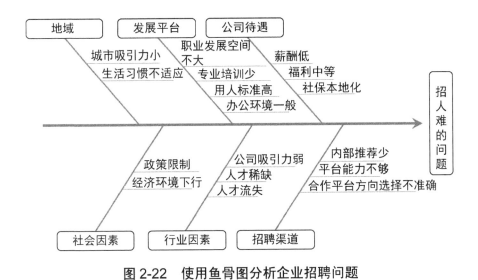

图 2-22   使用鱼骨图分析企业招聘问题

其实该案例中并没有进行分析全面，遗漏了招聘操作人员的一些问题，如果把它补充进去，分析就更完整了。有了这个大框架之后，接下来就可以通过 5Why 法不断地往下深挖了。

案例 3：在鱼骨图的基础上，使用吉尔伯特行为工程模型分析员工积极性问题。 企业中经常出现这种现象：老员工干的时间长了，就失去了工作积极性。对这样的问题怎么分析？一家企业使用的是鱼骨图，如图 2-23 所示。

吉尔伯特行为工程模型告诉我们，影响最终绩效，或者说影响事情结果的有两部分核心因素，一部分是环境因素，一部分是人的因素。在老员工的工作积极性这个问题中，环境因素又分为企业内部环境因素和企业外部环境因素，如行业现状、社会大的经济背景；在人的因素方面，把所有涉及的人展开，包括老员工自身、他的同事及他的管理者。最后，针对每类人进一步分析问题产生的原因。这就可以用 5why 法不断地剖析下去。

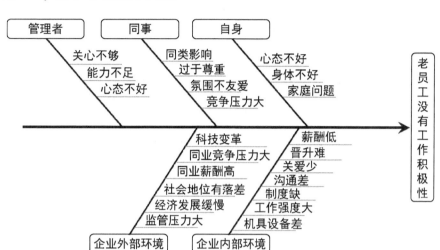

图 2-23　使用鱼骨图分析老员工工作积极性问题

从上述三个案例中可以看出，使用自上而下的方法，利用已有框架拆解问题，只是解决问题的一个起点，在拆解过程中还需要运用 5Why 法不断地往下深挖。

本节内容精要

本节主要讲述了在拆解问题时使用的两种方法，即自下而上的方法和自上而下的方法，并给出了几个常用的问题解决模型。当然，本节只是列举了几个常用模型，实际应用中还有许多模型和方法，这需要你通过学习、搜索等方式去扩大自己的认知。同时在读完本节之后，你也可以对自己遇到的问题多加梳理和总结，形成自己的框架，从而在将来遇到同类问题时随用随取。选择了模型之后，接下来就需要运用 5Why 法，不断地挖掘问题背后更深层次的原因。

第三节　寻找问题的根本原因

第二节详细讲述了如何通过自下而上和自上而下的方法来拆解问题，把问题背后的影响因素想全面。不管采用哪种拆解方法，都要尽量把问题背后的影响要素全部呈现出来，否则解决方案就容易有所欠缺。

但是，影响要素这么多，对每个影响要素都给出解决方案显然不太现实。在这么多的影响要素中，一定有一些影响力更大一些。那么，怎么才能够找到这样的影响要素呢？接下来将为大家介绍一套锁定核心影响要素的方法——定量原因分析法。

可以把问题产生的原因分为表面原因、过渡原因和根本原因三种，如图 2-24 所示。

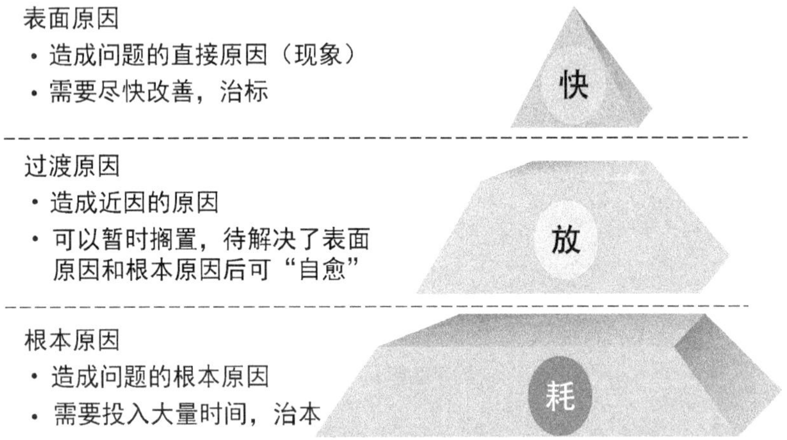

表面原因
• 造成问题的直接原因（现象）
• 需要尽快改善，治标

过渡原因
• 造成近因的原因
• 可以暂时搁置，待解决了表面原因和根本原因后可"自愈"

根本原因
• 造成问题的根本原因
• 需要投入大量时间，治本

快
放
耗

图 2-24　问题产生的三种原因

表面原因是造成问题的直接原因，一般很容易找到。但是，如果只从表面原因下手解决问题，那么这个问题只是暂时消失，一段时间之后它还会出现，治标而不治本。但是，仍然要针对表面原因给出解决方案，至少让问题暂时消失。

还有一部分原因就像隐藏在海面下的冰山。找到这样的原因，费时费力。但是这样的原因才是根本原因，也是造成问题的核心原因。只有针对这样的原因给出对应的解决方案，才能够治本。

除了表面原因和根本原因，还有一部分原因，它们介于表面原因和根本原因之间，称为过渡原因。对于过渡原因，基本上不用管，因为当你把表面原因和根本原因解决之后，过渡原因自然就消失了。因此，最重要的任务是通过分析，找到表面原因和根本原因，然后分别针对两者给出解决方案。

那怎样才能够找到表面原因和根本原因呢？可以用定量原因分析法。

本书所说的定量原因分析法来源于层次分析法。不过层次分析法特别复杂，使用的时候往往需要借助一套系统。为了方便大家理解和使用，我把它简化了一下，将其中的精髓提炼出来，形成了定量原因分析法。

正如前文所述，每个原因的性质都不一样。有些原因，或者说有些因素，它们对问题的影响更大，这样的一些原因或因素，称为根本原因。而有些原因对问题的影响没那么大，那它们有可能就是表面原因。正是因为问题之间存在着这样一种逻辑关系，才能够运用定量原因分析法找到各个原因对问题的影响程度，然后得出哪些是表面原因，哪些是根本原因。

接下来看看定量原因分析法的具体操作步骤。仍以丰田公司使用5Why 法解决油污问题为例，如图 2-25 所示。

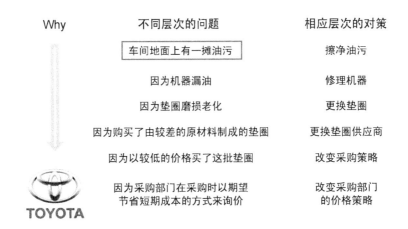

Why	不同层次的问题	相应层次的对策
	车间地面上有一摊油污	擦净油污
	因为机器漏油	修理机器
	因为垫圈磨损老化	更换垫圈
	因为购买了由较差的原材料制成的垫圈	更换垫圈供应商
	因为以较低的价格买了这批垫圈	改变采购策略
	因为采购部门在采购时以期望节省短期成本的方式来询价	改变采购部门的价格策略

图 2-25　丰田公司使用 5Why 法处理油污问题

在这个案例中，企业从"看到地上有一摊油污"开始，一步步地深挖原因，最终发现根本原因在采购部，是采购部采用的绩效考核方式导致其改变了采购策略。在这个过程中，企业发现漏油、垫圈磨损等其实都是表面原因，根本原因是采购部门改变了采购策略，剩下的则是过渡原因。

前面提到，针对表面原因和根本原因都要给出解决方案，所以如果看到地上有油污，就需要让保洁人员马上把油污擦干净，避免不安全因素。接下来就要找哪里漏油了，如果是垫圈漏油了，就马上换一个新垫圈，这个问题暂时就解决了。但是这台机器的问题解决了，别的机器呢？只要别的机器采用了这种垫圈，未来都有极大的可能需要更换。所以更换垫圈不是解决这个问题的根本方法。既然已经找到了根本原因——采购部门的采购策略发生了调整，那么要想杜绝未来类似情况的发生，就需要在采购策略上进行审慎的判断：一部分原材料是不能够通过降价的方式来节约成本的，而另一部分则是可以的。因此，要想快速解决一个问题，就要针对表面原因给出解决方案；要想从根本上解决一个问题，就要针对根本原因给出解决方案。

使用 5Why 法对简单的问题进行分析后，很容易找到表面原因和根本原因。但在实际的工作和生活中，人们面临的往往都是复杂的问题，对于复杂的问题就不能简单地使用 5Why 法来解决。那到底怎样运用定量原因分析法，才能够区分出复杂问题的表面原因和根本原因呢？下面来看看定量原因分析法的操作步骤，如图 2-26 所示。

第一步，把之前拆解的全部影响因素罗列出来进行筛选。把之前拆解出来的——无论是使用自下而上的方法还是自上而下的方法——全部影响因素罗列出来之后，可以尝试进行筛选，因为有些影响因素很难改变，就算它们是最核心的根本因素，但当前也拿不出太好的解决方案。这个时候，我的建议是直接把它们从列表中删掉。否则就算找到了这些因素，也没办法做进一步处理。所以说，第一步是筛选。

第二步，对留下来的影响因素进行判断。筛选之后，对留下来的影响因素要判断哪些对结果的影响最大，对问题的影响最大（假设最后留下了六个影响因素）。怎么来判断呢？就是两两之间进行比较。

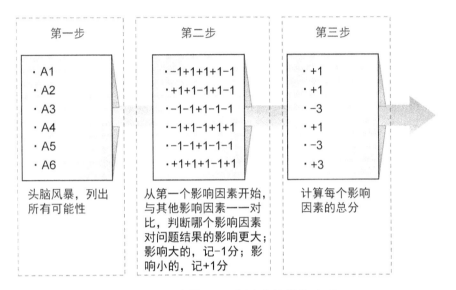

图 2-26　定量原因分析法的操作步骤

举个例子，对 A1 和 A2 这两个影响因素进行判断，看哪个对问题的影响更大。怎么判断？第一种情况是，A1、A2 互为因果，谁的影响大呢？一定是原因的影响更大。第二种情况是，一个影响因素很容易导致问题的出现，另一个可能就不容易导致问题的出现，那么肯定是容易导致问题出现的那个影响更大。第三种情况是，实在判断不出两者哪个是因哪个是果，或者哪个更容易导致问题的出现，这个时候可以根据两者出现的先后顺序来判断。对于先出现的，就认为它的影响更大；对于后出现的，就认为它的影响略小。

判断之后，假设 A1 对问题的影响更大，那就在 A1 对应的位置记-1 分，在 A2 对应的位置记+1 分，即影响大的给-1 分，影响小的给

+1 分。A1 和 A2 比较完了，接下来比 A1 和 A3。假设在 A1 和 A3 中，A3 对这个问题的影响更大，A1 小一点，那就在 A3 对应的位置记-1 分，在 A1 对应的位置记+1 分。以此类推，一直比到最后的 A6。这一轮就比较完了，分数也都记好了。接下来看 A2，A2 还要跟 A1 比吗？不需要，因为刚才比过了。所以 A2 只需要跟剩下的 5 个因素比就好了。A3、A4、A5、A6 也采用同样的方式。

第三步，对比结束后，对每个影响因素的得分进行统计。 以图 2-26 为例，A1 得+1 分，A2 得+1 分，A3 得-3 分，A4 得+1 分，A5 得+3 分，A6 得+3 分。统计完成之后还要检验一下。就是将所有分数相加，它们的和必须为 0。如果不是 0，就代表前面记分有错。

需要特别提醒的是：第一，要同时给两个比较相记分，重要的记-1 分，不重要的记+1 分；第二，每项都有得分，没有得 0 分的。

得到最后的分数以后，需要找到表面原因和过渡原因的分界线，以及过渡原因和根本原因的分界线。这两条分界线怎么找呢？

最高分除以 2 就是表面原因和过渡原因的分界线。在上例中，最高分是+3 分，除以 2，得出分界线是+1.5 分；最低分除以 2 就是过渡原因和根本原因的分界线。在上例中，最低分是-3 分，除以 2，得出分界线是-1.5 分。之后，把得分大于等于+1.5 分的影响因素放在顶部，把得分小于 1.5 分大于-1.5 分的影响因素放在中间，把得分小于等于-1.5 分的影响因素放在底部，如图 2-27 所示。

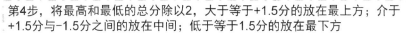

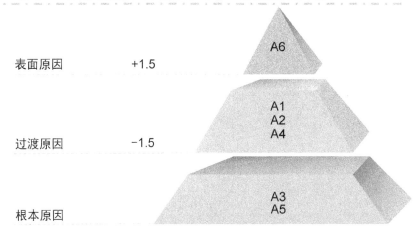

图 2-27　找出两条分界线

找到了这两条分界线，接下来就把 6 个影响因素按照得分放在相应的位置：大于等于 1.5 分的就是表面原因，放在顶部；小于等于-1.5分的就是根本原因，放在底部；剩下的都是过渡原因，放在中间。

接下来我们以图 2-22 中的企业招聘为例，看看如何运用定性原因分析法找出问题的表面原因和根本原因。

在分析原因的时候，首先按照外部因素和内部因素对各原因进行分类。对于外部因素中的地域因素，除非有有效的解决方案，否则可以先搁置一边。例如，企业之所以很难招到人，一个原因是企业所在的地区经济条件比较落后。那么，对这个原因，有有效的解决方案吗？作为招聘人员，你有能力把公司从这个地区搬到一线城市吗？显然不能。所以这个因素基本上是一个不可抗、不可控的因素。社会因素也是如此。所以把这两个因素对应的影响因素忽略不计，先给剩下的这些因素——那些有可能想出解决方案的因素——编号，分别为：①薪酬低；②福利中等；③社保本地化；④职业发展空间不大……

然后进入对比打分环节。

首先把所有的编号列在左侧，然后两两对比，判断两者对结果的影响，影响大的记-1分，影响小的记+1分。下面以薪酬低为例来看一下如何对比。

先看薪酬低和福利中等这两个因素，它们分别对应编号①和②。先来看看这两个因素哪个对"招聘难"这件事影响更大，一定是薪酬低的影响更大。所以在编号①的位置记-1分，在编号②的位置记+1分。再来看薪酬低和社保本地化这两个因素哪个对"招聘难"这件事影响更大，肯定还是薪酬低，所以在编号①的位置记-1分，在编号③的位置记+1分。以此类推，将每个因素都与其他因素一一对比，最终结果如图2-28所示。

从图中可以看出，最高分是10分，最低分是-12分，将这两个得分分别除以2，就得出了两条分界线：5分是表面原因和过渡原因的分界线；-6分是根本原因和过渡原因的分界线。

接下来用这两条分界线与各因素的得分进行对比。所有高于5分的因素都是表面原因，因此，③社保本地化、⑤专业培训少、⑦办公环境一般、⑩内部推荐少都属于表面原因。那么，对这家企业来说，要想暂时缓解招聘难的问题，可以在这四个表面原因上快速想出一定的方法，但这并不能从根本上解决问题。

原因	①	②	③	④	⑤	⑥	⑦	⑩	⑪	⑫	⑬	⑭	⑮	得分	
①	0	−1	−1	1	−1	−1	−1	−1	1	1	1	1	1	0	
②	1	–	−1	1	−1	1	−1	−1	1	1	1	1	1	4	
③	1	1	–	1	1	1	−1	−1	1	1	1	1	1	8	表
④	−1	−1	−1	–	−1	−1	−1	−1	1	1	1	1	1	−2	
⑤	1	1	−1	1	–	1	1	1	1	1	1	1	1	10	表
⑥	1	−1	−1	1	−1	–	−1	−1	1	1	1	1	1	2	
⑦	1	1	1	1	−1	1	–	−1	1	1	1	1	1	8	表
⑩	1	1	1	1	−1	1	1	–	1	1	1	1	1	10	表
⑪	−1	−1	−1	−1	−1	−1	−1	−1	–	−1	−1	−1	−1	−12	根
⑫	−1	−1	−1	−1	−1	−1	−1	−1	1	–	−1	−1	−1	−10	根
⑬	−1	−1	−1	−1	−1	−1	−1	−1	1	1	–	1	1	−4	
⑭	−1	−1	−1	−1	−1	−1	−1	−1	1	1	−1	–	1	−6	
⑮	−1	−1	−1	−1	−1	−1	−1	−1	1	1	−1	−1	–	−8	根

注：“表”代表表面原因；“根”代表根本原因。

图 2-28　薪酬低因素与其他因素的比较

再来看根本原因。所有小于−6 分的因素都是根本原因，因此，⑪平台能力不够、⑫合作平台方向选择不准、⑮人才流失都属于根本原因。对此，相应的解决办法可能是选择新的招聘平台，完善企业的人才培养制度从而尽量降低企业的人才流失率。

> **本节内容精要**
>
> 本节介绍了如何运用定量原因分析法对招聘难问题的原因进行分类，包括表面原因、过渡原因和根本原因。下一步是针对表面原因和根本原因来制定解决方案。

第三章

针对要素，制定方案

第二章讲述了拆解问题需要遵循的原则、如何拆解问题，以及如何锁定要素，并利用定量原因分析法找出表面原因、过渡原因和根本原因。接下来将讲述如何针对不同的原因制定具体的解决方案。

第一节　制定方案时优先考虑的原则

说到制定解决方案，首先要看当前面临的这个问题是旧问题还是新问题。如果你觉得这个问题之前很多人可能都遇到过，并且有很好的解决方案，那么在有参考答案的情况下，直接借鉴就可以了。这就是用对标的方法制定解决方案。

如果这个问题之前没遇到过，或者有人遇到过，但也没有很好的解决方案可供参考，这个时候就要用创新的方法去解决问题了。常见的创新方法有很多，如强制关联、逆向思维等。

⏪ 制定方案时，优先考虑使用流程或工具

无论是有参考答案的对标，还是没有参考答案的创新，都需要遵循一个特定的原则，那就是优先考虑使用流程或工具，然后考虑依靠人的能力和经验来解决问题。

美国管理学大师孔茨在其经典著作《管理学》一书中讲了一个问题：一个管理者，或者说在管理中，要解决的核心问题是什么？作者提出了"结构性问题，程序化处理"这一观点。什么叫结构性问题呢？同一件事情，反复发生同样的问题，这就叫结构性问题。那什么叫程序化处理呢？就是肯定可以找到一个不需要依赖人的解决方案。如果依赖人去解决问题，你会发现这件事情的结果既不可控，还会产生波动，因为人的情感、情绪状态、意愿、知识技能、智商都可能影响这件事情的结果。因此，如果可以不依赖人这个因素，结果就更容易控制，或者说结果更容易预期。不依赖人的因素解决问题的方法，就是程序化的处理方法，也是使用流程或工具的方法。而依赖人这个因素解决问题的方法，就叫依靠人的能力和经验的方法，在思考解决方案的时候，应优先考虑使用流程或工具，再考虑依靠人的能力和经验。

举个例子。仍然是减肥这件事。一个最容易理解的解决减肥问题的方案，其实就是管住嘴、迈开腿。假定这就是你选择的方案，但是好吃的东西太多了，怎么才能够管住嘴，抵制诱惑呢？靠毅力吗？还

是靠自己的能力和经验？你肯定知道这不靠谱。那么怎么使用流程和工具呢？一个好方法是：换一个小点的碗就行了。这个方法是经过实践验证的。

某国际健康组织对几个国家的人的体重进行了采样调查，并得出了平均值，然后给每个国家的人的体重平均值进行了排序。最后发现，从身体健康指数来看，最健康的是日本人和韩国人。原因很简单：他们的餐具都很小。

所以，如果你减肥减不下来，那就试一试这个简单的方法，把你家的餐具变小。这就是使用流程或工具的方式。

◄◄ 医疗重地，人命关天，使用流程或工具解决问题效果显著

再举一个例子。在医疗体系中，有一个专业术语叫作"给药差错"，是指护理人员给予患者的任何区别于药物常规或原始处方的护理操作。也可以简单地将其理解为"给错药了"。这种事情可大可小，严重的可能危及患者的生命！怎么办？一般医院都会针对护理人员进行培训，包括在药品种类区分、配药操作、检查核实等技术环节，以及在安全意识、服务意识等思想认识环节，都做了大量的培训工作，但效果并不理想。为什么呢？因为这些培训都需要依赖人的经验和能力。

后来，人们经过大量的分析发现，护理人员之所以会"发错药"，很大一部分原因是有一部分药品需要在病房操作，而病房的环境往往比较杂乱，可能护理人员正在配药，突然有人过来打断他，向他咨询

或求助，这时就容易导致"发错药"。基于此，医院为护理人员发放了一款"护士防打扰服"发药背心，如图 3-1 所示。

图 3-1 "护士防打扰服"发药背心

"护士防打扰服"发药背心的颜色是红色，具有非常显著的警醒作用，背心前面印着非常醒目的四个橙色大字——"发药勿扰"，背面印有八个大字——"护士发药 请勿打扰"。无论你是患者、家属，还是其他工作人员，都很容易注意到这件背心并看到上面的提示，从而避免打扰正在配药、发药的护士，这一举措大大降低了"给药差错"发生的次数。

除了在分药端实现流程化和工具化，现在绝大多数医院都用 HIS 系统开药，系统会自动审核药品。如果医生不小心开错了药，系统会识别出来，从而避免发错药。

这就是用流程和工具的方法解决问题。

> **本节内容精要**
>
> 本节讲述了在制定解决方案时优先考虑的原则，即优先使用流程或工具的方法，然后考虑依靠人的能力和经验。后面两节将分别针对对标和创新方式，探索如何制定解决方案。

第二节　学会借鉴，想出对策

本节讲述用对标的方法制定解决方案。

对标的方法也叫标杆管理，或者叫横向对标，最早是由富士施乐公司提出来的。所谓对标，通俗地讲，就是向榜样学习，就是在同样的资源条件下，一定有其他人或其他公司、组织，将一件事做得特别好，把他们的经验提炼出来，自己学习或教给其他人，从而使大家的整体水平有所提升。

为了便于理解和记忆，下面将举例说明如何使用对标的方法制定解决方案。

⑭ 使用对标的方法为企业解决问题

我曾经为一家代理手机销售的企业教授组织经验萃取课程，在座的都是该企业的顶级销售人员。当时我问他们："作为顶级销售人员，可能你们经历了很多非常困难的销售场景，你们对绝大多数场景都经验十足，可以掌控全局，但也一定遇到过有难度的销售场景，那么你们觉得最难的销售状态或销售场景是什么样的？"大家沉思了一会儿，然后告诉我，他们大部分人都认为把一款相对高端的手机卖给一个年纪大的人会比较困难。的确如此，你可以回想一下自己身边的老年人群体，有多少人用的是新款手机。大部分都是用老人机。

针对这个问题，我想萃取一下他们的经验。于是我就问他们："你们是都觉得很难还是有人觉得并没有那么难？有人能经常成功地把一款高端手机卖给老年人吗？"大家又陷入了思考。好像大部分人都做不到。

但是，有位姑娘站起来说她能做到。她说，走进这个商场的人其实都"不差钱"，因为她所在的手机销售区域位于一个比较高档的商场。她遇到的大部分老年人买手机时确实都倾向于选择性价比比较高的。不过她在和这些顾客聊天的时候发现了一个现象：这些老人买手机时经常会问摄像头怎么样，因为要给自己的家人尤其是孙子辈拍照、录视频。针对这个发现，她好几次特意使用了一些话术，强调了某款手机优秀的拍照功能和简单易用的美颜功能，结果真的就把比较高端的手机卖给了老年人。渐渐地，她开发并掌握了一套针对老年人群体的高端手机推荐话术。这位姑娘分享了她的方法之后，其他人豁然开朗。

再举一个例子。2020 年新冠肺炎疫情防控期间，我给某车企上了一次组织经验萃取的课程，在座的都是各地 4S 店的店长。在收集问题的时候，有一个问题特别突出，绝大部分店长都说，疫情防控期间，汽车销量极其惨淡。大家就分析原因，有的说可能是疫情防控期间，很多人都失业了；有的说可能是疫情防控期间人们不怎么出门，所以买车意愿降低了，等等。但是我并没有立即引导大家去分析原因，而是问了大家一个问题："有没有哪个 4S 店的销量比其他 4S 店都好？"结果有位店长举手了。我就问他来自哪家 4S 店，他回答说是武汉的一家 4S 店。

大家一听就好奇了：刚才大家还都说由于疫情原因导致汽车销量不好，武汉作为疫情的重灾区，怎么反而卖得最好呢？于是大家请这位店长分享他的经验。他说："疫情防控期间，大家都觉得对汽车的需求会降低，但我不这么想，我认为在疫情防控期间，人们更加需要一个'私密出行'的工具，经过一些话术设计，我们与顾客的沟通非常好，强调'私密出行，您需要一辆××车'确实有不错的效果。而且疫情是普遍现象，对所有的车企都造成了冲击，我们不好卖，别的品牌也不好卖，这反而给了我们一个趁机扩大影响力的机会。结果证明，这个时期真是一个争取客户的好时机，有很多原本打算购买其他更高档品牌汽车的人，最终被我们的品牌所吸引。"

听了这位店长的分享，其他人深以为然，甚至很多人已经开始设想如何在自己的店里复制这家 4S 店的经验了。

▸▸ 使用对标的方法为 WHO 官员解决问题

20 世纪 50 年代，越南国内的整体经济状况非常差，导致青少年营养状况普遍不好，越南官员也意识到了这个问题，于是就向世界卫生组织（WHO）提出了请求，希望 WHO 能够派一些专家来协助越南政府一起改善国内青少年营养状态不好的问题。

WHO 非常重视越南的这一请求，派了一名官员过来。这名官员以为这件事情在越南当地一定特别受重视，至少会有很多官员协助他。结果等他到了越南，才发现根本没有人接待他，也没有为他准备专门的办公室，甚至连个翻译也没有。在这种情况下该怎么办？有些人遇到这种情况可能就会想："你们自己对这件事都不上心，我又何必费心呢？随便调查一下，写份报告交上去不就完事了吗？"但这名官员很有责任心，他觉得既然自己接下了这项任务，就要为当地的青少年带来一些改变。

对营养状况的衡量其实有很多指标，但因为条件实在有限，这名官员只能凭自己的经验选择了一个最简单的指标，那就是越南青少年的身高。于是这名官员带着一把尺子就下乡了。到了乡下，他开始给青少年量身高，并把他们分成组，身高高的分为一组，身高矮的分为一组。他把身高矮的那组先放一边，重点关注身高高的这一组：大家吃的都是差不多一样的东西，为什么这些人特别高？是不是所有身高比较高的人都需要关注？

接下来，这名官员针对这些身高高的青少年一个一个地问。首先问对方的父母是什么情况，如父母是不是比较高。如果是，就把这部分青少年排除。接下来问对方家里的经济条件如何，如有没有家长是干部，或者家里是不是做生意的。如果对方家庭经济条件比较好，就把他们排除。以上两步其实是在剔除异常数据。剩下的这些特别高的孩子，父母是普通人，而且家庭条件一般。那为什么在同样的喂养条件下，他们会有相对较高的身高，或者说有较好的营养状况呢？

接下来，这名官员就问这些青少年，家人平时都是怎么喂养他们的。收集了足够多的数据之后，这名官员开始分析，最终找到了三个关键点。

第一，在越南，人们一般一天就吃两顿饭，上午 9、10 点吃一顿，下午 4、5 点再吃一顿。大人长期这么吃饭，慢慢地也就习惯了。但孩子的胃特别小，又是长身体的时候，爱跑、爱跳，活动量大，所以他们两顿饭根本不够吃，只能饿着，时间长了，孩子就容易营养不良。而这些身高高的孩子的妈妈们都特别勤快，爱做饭，只要孩子说饿了，就会给孩子加餐，哪怕是再简单不过的食物，也要让孩子吃饱。

第二，越南很多地方比较穷，很多家庭买不起高营养的东西，如鸡、鸭、猪肉。但越南地处热带地区，水田特别多，水田里总有一些小鱼、小虾，虽然用它们做不出大餐，但熬汤还是可以的。有些孩子从小就吃这样的东西，可以补钙、补蛋白质，所以就比别人长得高些。

第三，身高高的孩子的妈妈们往往都有"小秘诀"。例如，有些家长发现番薯的叶子很有营养，但很少有人吃。这些家长就把番薯叶子做成食物给孩子吃，增加营养。

总结出这三个关键点之后，接下来这名官员就开始推广这些经验，但他不是当地人，他说的话当地人都不相信，怎么办呢？于是他就想出了一个办法：让身高高的孩子的家长组成互助小组，走到哪里就和当地人一块儿做饭。其实每个家长都希望自己的孩子能够长得高一点，所以大家都向这些家长取经，很快，这些经验就得到了广泛的推广和落实。几个月之后，越南青少年的营养状况发生了非常大的改变，这件事甚至影响了越南之后的几十年。

◀◀ 使用对标的方法解决国际问题

众所周知，中国在 2020 年新冠肺炎疫情暴发期间的"抗疫"行动取得了特别好的成果，所以很多国家向中国学习经验。例如，意大利借鉴中国的抗疫举措，先是宣布各地政府都进入紧急状态，"封国封城"，然后建立了一些特别的医院。但是最后意大利的抗疫效果并不好，甚至一度成为世界疫情最严重的国家，死亡率超过 10%。为什么会这样呢？

首先，要想对标，最重要的是要立标。也就是说，要先搞清楚对方的这种做法到底能不能学，以及在什么样的条件下才能学。因此，立标的关键是透过现象看本质。意大利与中国的国情完全不一样，国民思想存在很大的差异。例如，中国人都有大局观，愿意将国家利益置于个人利益之上，为了抗疫大局，有些人甚至一个月都不出门，正是这样的思想观念才创造了世界奇迹。但意大利人民更倾向于维护个人自由，游行、不戴口罩等一系列行为都给抗疫造成了很大的阻碍，最终导致抗疫效果不理想。

其次，两个国家的经济实力不一样。中国毕竟是世界第二大经济体，所以中国人民可以举国家之力，支持武汉，支持湖北，但其他国家很难实现这一点。

最后，两个国家的产业布局不同。中国的制造业产业布局非常完整，在口罩紧缺时期，很多企业能够迅速转型生产口罩；在呼吸机紧缺时期，很多企业能够迅速转型生产呼吸机。但对意大利来说，实现这一点也很难。在这种情况下，意大利照搬中国的抗疫举措，就很难取得理想的效果。

回到越南的案例。这名官员很重要的一步就是一开始就把所有的异常数据剔除掉了，否则即使他针对这些异常数据找到了一些解决方法，在推广的过程中也未必能实现这么好的效果。

因此，在使用对标的方法时，第一步需要先判断一下标杆是否符合实际学习条件。如果符合，第二步就要提炼所有的关键要素，这就是对标的过程。

拿抗疫这件事来说，要管控三个环节：一是管控传染源；二是切断病毒的传播途径；三是保护易感染人群。这三个环节就是关键要素，需要提炼出来。

在越南的案例中，那名官员找出的三个关键点，就是需要提炼的关键要素。

提炼了所有关键要素之后，还要把这些关键要素推行到位，就是通过达标的方式实现最后的目标。在越南的案例中，就是指利用集体的力量把这些方法推而广之。

总结起来，对标过程有三步，分别为：

- 第一步：立标，找标杆。
- 第二步：对标，找共性。
- 第三步：达标，找指标。

◄◄ 企业间对标的注意事项

一提到管理、解决问题，很多企业都想对标华为。华为最值得对标的是什么呢？是它的所谓"狼性文化"。说到狼性文化，很多人都想把自己的企业团队，尤其是销售团队，打造成像华为一样具有"狼性文化"，学习其中的一两点，如借鉴华为的一些惩罚方法。这样真的有效吗？不一定。为什么？因为狼性文化是一套系统工程。

所以说，不能看到某企业的优秀，就立即着手向对方学习、对标，而应该认真对比一下，首先看看**自己的情况和华为能不能进行对标**。华为之所以能打造这样一个团队，是因为它在打造团队的过程中，既有物质激励，又有精神激励，还有文化激励。这是一个系统工程，要想借鉴，你必须把所有的部分都做到位才行。

首先是物质激励怎么做？华为员工的薪酬水平相对来说很高。很多企业在别的方面都有可能学到、做到，唯独薪酬这方面没做到位，那它们的团队就达不到华为的水平。此外，虽然华为没有上市，但华为的员工在华为工作一定年限之后，手里或多或少都有一部分股份。所以华为的物质激励做得很好。

其次是有精神激励。精神激励就是不同层级的领导会持续观察员工行为的变化，在对员工的激励过程中，会有一些表扬，如开表彰大会、受到高层领导的接见等。此外，在华为，有能力的人会被赋予足够的权力和尊重，这就是精神激励。

最后是文化激励。文化激励是指一种努力奋斗的状态。大家会为了达到团队的目的，每个人分工合作，尽职尽责。

所以，在学习华为、对标华为的过程中，至少要有物质激励作为基础、精神激励作为保障、文化激励作为引领。

本节内容精要

在制定方案的过程中，如果有参考答案，可以采用对标的方法。

对标过程主要有三个步骤：

- 第一步：立标，找标杆。
- 第二步：对标，找共性。
- 第三步：达标，找指标。

第三节　学会创造，想出对策

想别人不敢想的，你已经成功了一半；做别人不敢做的，你就会成功另一半。

——[美]阿尔伯特·爱因斯坦

第二节讲述了如何使用对标的方法制定解决方案。本节接着讲述如何使用创新思维解决问题。

在介绍创新思维方法之前，请思考下面几个问题。

- 为什么要创新？
- 什么是创新思维？

- 创新是否有章法可循？

下面对这三个问题逐一分析。

为什么要创新？创新的理由有很多。例如，你需要解决问题，但又没有经验可循，必须从零做起，这是创新的原动力；人类拥有极强的学习能力和创造能力，这是创新的内在动力；实现创新的人更容易成功，更容易在与其他个体或团体的竞争中保持优势，这是创新的最终价值所在。

什么是创新思维？创新思维的本质在于用新的角度、新的思考方法来解决现有的问题，或者发明，或者创造。所以，有时候创新思维也被称为创造性思维。创新思维能突破常规思维的界限，以超常规甚至反常规的方法、视角去思考问题，提出与众不同的解决方案，从而产生新颖的、独到的、有社会意义的思维成果。

创新是否有章法可循？创新当然是有章法可循的。虽然当前面临的问题没有现成的参考答案，但是别人得到答案的过程，也是可以拿来参考和借鉴的，换句话说，你可以不借鉴对方的直接经验，而是借鉴对方的创新思考过程。

关于创新思维是如何思考的，已经有太多的前人帮我们总结过，我挑选了一些比较常用和好用的方式方法，下面逐一介绍。

⏮ 逆向思维，缺点变方案

说到逆向思维，我先跟大家分享一个真实的历史故事。

第二次世界大战期间，英国有位著名的魔术师，叫贾斯帕·马斯克林，他认为自己精湛的魔术一定能够帮助英国军队在战争中发挥一些积极作用，于是他加入了军队。但一开始他的魔术技巧并不能发挥什么作用，毕竟，战争中拼的是真刀实枪，所以他一直没有得到重用。

一次，英国情报部门截获了一份情报，情报中说德国为了阻断敌军的运输补给线，打算摧毁苏伊士运河。策略是趁着夜色掩护，把运河上航行的商船、货船打沉，堵塞河道。于是英国军方给马斯克林下达了一个任务——隐藏苏伊士运河。

接到任务后，马斯克林非常兴奋，他觉得自己终于可以大展拳脚了。但他想尽了各种方案，都失败了。这是一条运河，想掩盖它是不可能的，更不用说把它搬走了。而且为了保证航行安全，夜间在运河上航行的船只需要照明，这让运河在漆黑的夜空下暴露无遗。看起来这似乎是一个无法完成的任务。不过，马斯克林最终还是想到了解决方案。

马斯克林想：既然运河太大，我无法隐藏，那么是否可以反其道而行之？我不再想方设法隐藏运河，而是将运河在夜间变得无比耀眼，只要让敌方的飞行员看不清运河航道上的具体情况，从而无法精准投弹，是否就可以了呢？这样的话我就可以利用平时变魔术时舞台上的灯光或烟雾迷惑敌方飞行员，干扰他们的视线，让他们看不到运河。

于是马斯克林开始尝试。他先是做了一些可以灵活旋转的大探照灯，这些探照灯光线非常强。然后他乘坐一架飞机试了一下，结果在测试过程中因为探照灯光线太强，晃到了飞行员，差点失事。

他觉得这个方案很可行，于是又做了几十个这样的探照灯，布置在整条苏伊士运河上。德军飞行员每次飞过运河上空，都发现整个运河上亮作一片，完全看不清目标，根本没办法进行精准轰炸，苏伊士运河就这样保住了。

在这个案例中，可以看到，魔术师马斯克林在思考解决方案的时候，运用了逆向思维的方法。他接到的任务是隐藏苏伊士运河，但隐藏一条运河是非常困难的，于是他就另辟蹊径，不在"隐藏"这件事上做功课，而是从反方向入手，最终达到了同样的目的。

这就是在创新性地解决问题中经常用到的一种方法——逆向思维，通俗点讲，就是"反过来想"。在我们平时解决工作、生活中的问题时，逆向思维的作用非常大。

例如，中国家喻户晓的司马光砸缸的故事，就是非常典型的逆向思维应用实例。小孩掉进了装满水的缸里，大多数人的第一反应都是想办法把孩子从缸里拉出来。但司马光却反过来想：缸体很高，很难将"人脱离水"，那么是否可以让"水脱离人"呢？最终他想到了"拿石头砸缸"的方法。这就是典型的逆向思维方式。

还有，日常生活中早已广泛使用的吸尘器，它的诞生也和逆向思维有关。为了有效地清除令人讨厌的灰尘，人们很早就开始对除尘设备进行研究。只是一开始人们想到的是用"吹"的方法，即利用机器把灰尘吹跑，或者吹入特定容器内，但效果并不好。

英国土木工程师布斯看见此状，便反其道而行之，使用了"吸"的方法。他做了一个很简单的试验：将一块手帕蒙在嘴巴和鼻子上，用口对着手帕吸气，结果手帕上附了一层灰尘。根据这一发现，他制作出了吸尘器，用强力电泵把空气吸入软管，通过布袋将灰尘过滤。这就是现代吸尘器的前身（见图3-2）。

图 3-2　现代吸尘器的前身

再给大家举一个工作中使用逆向思维方式的例子。

我在一家企业做咨询的时候，该企业面临的一个问题是，基层员工，尤其是销售人员素质不够高，所以销售业绩总是不好。通过拆解，企业找到了背后的原因。

第一个原因是培训不太到位。因为工作中使用的都是一套标准话术，只要培训到位，大家就应该做得到。那么，能不能使用逆向思维的方式思考这个问题呢？培训没做到位，员工的标准话术就说不好，但这件事有没有益处呢？其实是有的，那就是标准话术说不好，代表员工可以去创新，思考其他形式的销售方法。有没有可能让大家通过创新的方式，把销售的业绩提上去？最后企业就想到了：原本工作就是对个人 KPI 的考核，那就不一定非要使用标准话术，只要能打动顾客就行了。于是每个人都开始想办法，寻找适合自己的话术。这个时候，可能就会出现特别多的新点子。

第二个原因是人员招聘的时候把关不到位，把不符合岗位要求的人招进来了。但如果使用逆向思维方式，不同的人代表了多元的文化，这会不会让销售工作变得不一样？多元文化会让组织非常有活力，一个拥有多元文化的销售团队在销售过程中是否可以搞一些有创意的、娱乐性强的语言或活动，从而把非常枯燥的销售工作变得有趣呢？这都是可以探讨的。

◄◄ 强制关联，激发创新

《创意》一书的作者詹姆斯·韦伯·扬说："新想法只不过是把以前的事物重新组合罢了。"这句话是很有道理的，毕竟创新不是凭空捏造一个从来没见过的事物或逻辑，创新的本质，就是以现有的思维模式提出有别于常规或常人思路的见解，利用现有的知识和物质，在特定的环境中，改进或创造新的事物、方法、元素、路径、环境，并能获得一定的好的效果。由此可见，创新的一种方法就是把看似没有关联，或者暂时看不到关联的事物强制性地结合在一起。这就是强制关联。

　　就说"龙"这种动物吧。在我国历史上，关于龙的形象、龙的故事数不胜数，但现实中谁也没有见过这种生物，它只是人臆想出来的，也可以说龙是被人创造出来的。当你观察龙的各种形象时，会发现很多强制关联的痕迹。例如，宋代画家董羽认为龙"角似鹿、头似牛、眼似虾、嘴似驴、腹似蛇、鳞似鱼、足似凤、须似人、耳似象"。在他看来，龙就是各种动物形象的有机组合而已。

　　可以说，虚拟形象就是强制关联的产物。除此之外，还可以在很多创新产品中看到强制关联的痕迹，例如：

- 中药+牙膏=药物牙膏。
- 电话+摄像机=可视电话。
- 扫地机+微型电脑=扫地机器人。
- 机械机床+电脑=数控机床。

　　你看，原本八竿子打不着的元素一旦相遇，有时就会迸发出有趣的创意，甚至能创造出革命性产品。那么，如何锻炼自己的强制关联和创新能力呢？可以参考以下步骤。

　　第一步，把解决问题时所能想到的所有构想列在一张表上。

　　第二步，把这些构想逐一与其他构想发生联系。

　　第三步，强制性地进行新的组合。

　　第四步，产生解决问题的新奇构想。

例如，经过一系列讨论，问题解决小组找到了两个需要强制关联的事物——一头小猪和一对翅膀，如图 3-3 所示。接下来该怎么办？

图 3-3　强制关联对象：小猪和翅膀

最简单的一种关联是将物体直接组合，也就是将这对翅膀按照对"长翅膀的猪"的想象，移植到小猪的身上。最终的效果可能如图 3-4 所示。

图 3-4　将小猪和翅膀直接组合的效果

这些效果都是比较直观的。

第二种强制关联的方式是淡化实体形象进行关联。例如，以猪的形象为主题，淡化翅膀的实体形象，只借用翅膀的功能属性，如飞行功能。最终的效果可能如图 3-5 所示。

图 3-5　淡化小猪和翅膀实体形象后的组合

这里的翅膀被替换成了螺旋桨，将翅膀的飞行属性与小猪的可爱形象进行关联，一个带有螺旋桨的小猪玩具就这么诞生了。

第三种强制关联的方式是将实体抽象化进行关联。例如，可以尝试将猪和翅膀的飞行功能这两个概念抽象化，然后组合在一起，从而形成一种特殊的符号。典型的例子就是旅游出行服务平台飞猪公司的标识，如图 3-6 所示。

图 3-6　飞猪公司的标识

总之，使用强制关联的创新方法，可以让人们从现有事物的不同组合中获得解决问题的新思路。

◂◂ 放大问题，寻求方案

看到"放大问题"这几个字，你可能有些疑惑：前面不是说过要认清问题的本质，清晰地描述问题吗？现在为什么又要主观地把问题放大呢？这里所说的"放大问题"，其实是要求你在对问题和目标界定清楚的基础上，把问题再往大了想一想，试着让自己面对的问题变得更难一些。当你这样做时，往往会设置更高的目标，从而有可能想到平时想不到或不敢想的解决方案。

美国著名企业家埃隆·马斯克，被称为现实版"钢铁侠"，因为他非常敢于设想一些常人无法想象的事情。

十多年前马斯克就宣称自己要造电动汽车，但他的目标可不是简单地解决人类出行问题，而是"有效解决全球变暖问题"。在这个"超级大"的目标的指引下，特斯拉最终成长为世界最著名的电动汽车品牌之一。

2002 年，马斯克又创建了太空探索技术公司 SpaceX。该公司是近年来私人航天领域发展最快的公司之一，并承载了马斯克伟大的愿景：他希望有生之年可以移民火星，让人类能够至少在两个星球上居住。所以，该公司的火箭回收项目的目标并不只是"尽量降低火箭发射成本，以实现公司盈利"，而是"在地球发生危险的时候，为人类找到另一个避难所"。在这个"更加超级大"目标的指引下，SpaceX 不断突破新技术，实现了在陆地和海洋上第一级火箭的垂直降落和回收，以及回收后的再发射。

所以，当你面临一个问题时，可以向埃隆·马斯克学习一下，试着把问题放大，在解决"大问题"的同时，顺便解决一下自己正在面临的这个"小问题"。

具体做法如下。

- 通过描述问题和拆解问题，找到要达成的目标。
- 将自己的问题放大，从而将目标设置得更高，然后针对这个被放大了的目标制定方案。

还以减肥的问题为例，即使你的目标只是单纯地降低自己的体重或体脂率，那你也不妨把它放大试试。最简单的放大方法就是把目标体重和目标体脂率再调低一点。例如，原本打算一个月内减重 5 斤，现在不妨设定为 10 斤，然后以后者为目标，切实地制定解决方案。

美国前总统约翰·肯尼迪在 1962 年发表了《我们决定登月》的演讲，以支持美国的"阿波罗登月计划"，他在演讲中说道：

"但有人问，为什么选择登月？……我们决定在这十年间登上月球并实现更多梦想，并非因为这些梦想能轻而易举地实现，而是因为它们实现起来困难重重。因为这个目标将促进我们实现最佳的组织并测试我们顶尖的技术和力量，因为这个挑战我们乐于接受，因为这个挑战我们不愿推迟，因为这个挑战我们志在必得，其他的挑战也是如此。"

可能有人不太同意放大问题、放大目标的做法，觉得这样可能会因为制定了一个根本无法完成的目标或计划，而让自己或团队失去拼搏的动力。为此，我们需要一些"放大目标"的切实可行的办法或模式。

近些年，目标与关键结果（Objectives and Key Results，OKR）管理模式备受追捧，很多企业都开始尝试从关键绩效指标（Key Performance Indicator，KPI）考核转为 OKR，或者将二者并行使用，均取得了较为理想的效果。OKR 是一套明确的跟踪目标及其完成情况的管理工具和方法，由英特尔公司创始人安迪·葛洛夫发明，之后被谷歌公司发扬光大。一方面，OKR 强调目标要清晰、准确；另一方面，OKR 也强调"极限目标"。有意思的是，谷歌的"极限目标"文化被戏称为"登月"文化，听起来是不是与上文的"火星计划"和"阿波罗登月计划"有异曲同工之妙呢？

OKR 的关键之一就是放大目标

谷歌公司创始人拉里·佩奇说："当你设定的是一个疯狂而富有挑战性的目标时，即使没有实现它，你也会取得一些不小的成就。"

众所周知，谷歌的 Chrome 浏览器的市场占有率已经超过 50%，但是早些时候，其市场份额一度在 3% 左右徘徊。怎么办？设置挑战性的目标和关键结果，完成"登月计划"。公司的团队负责人说："我们团队明白 Chrome 的成功将意味着它最终会拥有数亿名用户。此后，每当我们开发新的产品时，我们总是在想：我们如何将用户扩展到 10 亿名？在项目初期，这个数字看起来好像遥不可及。我们冲击 2 000 万名用户的目标失败了，但我们没有气馁，转而设置了 5 000 万名用户的目标，但遗憾的是，这个目标又失败了。直到年底，周活跃用户也只达到了 3 800 万名而已。即使这样，我们仍然直接将下一年的用户目标设置为'1 亿名用户'这个'看似无法完成的目标'。"拉里认为应该设置更高的目标，因为在他看来，"1 亿名用户"仅仅是全球 10 亿名互联网用户的 1/10 而已。最终，他们将目标确定为 1.11 亿名用户。

"为了实现这个目标，我们必须重塑 Chrome 的商业模式，探索新的增长模式。我们再次被迫开始思考，我们需要什么样的方法来实现这个目标？"

2009 年 2 月，谷歌扩展了与原始设备制造商的分销协议。

2009 年 3 月，谷歌开展了"超快 Chrome"营销活动。

2009 年 5 月，谷歌推出了适用于苹果 OS 系统和 Linux 操作系统的 Chrome。

……

最终，谷歌实现了 1.11 亿名用户的"登月"目标。

◄◄ 加强约束，强迫创新

加强约束与放大问题不同，它不是将问题和目标放大，而是在原有问题之上，人为地设置一个或多个障碍，以看似增加解决问题的难度为代价，强迫自己在更多的限制条件下想出更加有创新性的方案。

提到限制，有的读者可能联想到前面讲的 SMART 原则，该原则中的 R 和 T 分别指相关的资源限制（相关性）和在什么时间点达成目标（时效性）。只是这里的资源和时间限制，是客观限制，是问题本身带来的。而加强约束则是你在客观限制之外，强加给自己的一些额外约束，如零成本解决、必须在三天内完成、必须达到行业第一、必须全员同意等。

因为加强了约束，缩小了方案的选择范围，就会排除一部分易得方案。请注意，所谓的易得方案，多数情况下并不是最佳方案。因为容易得到的方案往往都是思维惯性的产物，更多的是已有经验的重复，并没有产生创新。

例如，一提到降低员工流失率，你就会自然而然地想到"加工资"，虽然工资水平较低有可能是导致员工流失率高的原因之一，但是如果给解决问题的方法强加一个"零成本"的限制，那么这个最容易想到、最容易实施的方法就暂时被排除在外了，你就不得不去寻找其他方法，找到员工离职的真实动机，从而找到根本的解决问题的方法。

再如，一般企业内的设计部门或研发部门是最关心创新的，他们就非常善于使用加强约束的创新方式。苹果公司的 iPhone 虽然不是第一个摒弃物理键盘的手机品牌，但它和其他很多率先使用触屏手机的品牌都不一样，其他手机品牌，如摩托罗拉、三星和诺基亚，其所生产的触屏手机更像对其品牌下原有手机产品的补充和完善，以便"两条腿走路"。因此，它们对触屏手机的研发力度就不够投入。

苹果公司就不一样。iPhone 的设计者们从一开始就给自己强加了一个特别强烈的约束，那就是"我们只生产没有物理键盘的手机"，这在物理键盘仍占主导地位的年代，有点"自断一臂"的感觉，相当于放弃了相对容易的道路，但苹果公司最终成功开辟的另一条路才是真正的"康庄大道"。

> **本节内容精要**
>
> 本节介绍了四种创新方法：逆向思维、强制关联、放大问题和加强约束。这四种方法虽然只是创新方法中的一小部分，但可以帮助你解决工作和生活中遇到的大多数问题，你只要在实际分析问题的时候去尝试使用即可。

第四节　利用头脑风暴，集思广益

现在，你已经知道制定方案时"优先考虑使用流程或工具"的原则，掌握了萃取优秀经验、借鉴行业标杆的对标方法，以及利用逆向思维、强制关联、放大问题、加强约束等激发创新的方式和技巧，那么接下来的问题是，你该如何付诸实践？

一个很好的方案讨论形式是头脑风暴，然而很多人并不会用，或者说效果不理想。提到头脑风暴，很多人的印象往往是以下这些。

- 我在进行头脑风暴时并不会产生比平时更多、更好的想法。
- 我在头脑风暴中的发言曾被嘲笑或驳斥。
- 头脑风暴过后，很可能并不会产生有效的结果。
- 在头脑风暴的过程中确定的方案和最终实施的方案并不一致，改动非常大。
- 头脑风暴没什么用。

如果你也是这些印象，说明你并没有参与过一个好的头脑风暴讨论会。头脑风暴的本意是让大家畅所欲言，打开创造性解决问题的大门。但是在实际操作中，很多人往往只注重"风暴"本身，而忽略了规则。如果没有规则，不受限制地分享意见，就很容易导致混乱。

正规的头脑风暴是一个非常好的工具，有着严格的步骤和详细的规则，具体如下。

第一步：精心准备。这是大家在实际操作中最容易忽略的一步，很多时候领导或团队需要解决一个问题时，会默认所有人对问题的原因和经过都非常清楚，也认为所邀请的人都与这个问题有关，并能出谋划策或执行到位。事实当然并非如此。一次有效的头脑风暴，需要邀请对的人，包括引发问题的人、提供意见和建议的人、需要将讨论结果形成方案的人、付诸实践的人、决策的人……

这些人对问题的理解和对信息的掌握大多数情况下是不同步的。因此，头脑风暴的第一步，就是要求每个参与头脑风暴的人都至少花一点时间研究一下问题，至少弄清楚问题的来龙去脉、重要性、影响，确保每个参与讨论的人对所面对的问题有一个相对客观、全面的认识和理解。除此之外，还要准备好做记录和展示用的工具，如纸、笔、白板等。

第二步：组织会议。头脑风暴会议的几个规则非常重要：一是鼓励多想，二是不做评价，三是不做一对一的讨论，四是立即记录。这几个规则其实在很多有关会议或管理的书籍中都有提到，但大家普遍做得不好，尤其是评价和讨论往往会充斥在头脑风暴阶段，这是非常不可取的。

第三步：讨论和发展。头脑风暴会议不是不允许讨论，而是要在恰当的时间讨论。或者可以将整个会议分成头脑风暴阶段和讨论阶段。在头脑风暴阶段要严格控制评价和讨论；在讨论阶段可以评价某个方案的好坏，但是不能引申到方案提出者的动机或立场上来。例如，在头脑风暴会议上，一个人提出了一个方案，意见不同者或反对者可以不支持这个人的方案，但不应该攻击他，说他的方案完全是在维护自己的利益等。这一步的关键是在讨论的基础上，对一些有价值的想法进行发展、延续和完善。一个新的想法，或者说一个很多人都没想到的方法，可以激发大家迸发出更多新的想法，因此要对这个新的想法及时进行补充。

第四步：形成结果。这里的结果可以是完整的方案，也可以是下次方案讨论会的基础，因为通过一次头脑风暴会议就能得到完美的解决方案的可能性并不大。头脑风暴会议中形成的新想法和新创意，都会给最终的决策者提供参考。

> **本节内容精要**
>
> 头脑风暴是一个非常好但经常被人误解和错误使用的方法，只有熟练地掌握头脑风暴会议组织的四步法——精心准备、组织会议、讨论发展、形成结果，才能利用这一工具提高解决问题的效率。

第四章

选择决策，确定方案

通过第三章的学习，你可以为问题找到非常多的解决方案。但是，在现实中，由于资源有限，你不可能把每个方案都执行一遍。在这种情况下，怎样才能找到最适合的方案呢？这就涉及决策选择问题了。

说到决策选择，先来看一个例子。

仍以 2020 年年初暴发的新冠肺炎疫情为例。同样都是欧洲的疫情重灾区，意大利和德国这两个国家的抗疫结果完全不同。意大利的死亡率超过 10%，德国的死亡率却控制在 1%~2%。这到底是什么原因呢？两国的经济水平差不多，文化背景也差不多，甚至政治形态也差不多。原因实际上就在于两国的决策上。

意大利的抗疫情况前文已经介绍了，下面我们主要看看德国面对疫情所做的决策。

德国政府面对此次疫情，决策的时候表现得非常理智。德国的决策过程经历了这样几个阶段。

第一阶段，疫情刚开始的时候，出现了少量感染者，并且德国第一例感染者的感染源并不在国内。在这种状态下，德国的决策是严防严控，把所有的密切接触者都安置在慕尼黑的一家医院。而且只要被感染，即便症状很轻，也要进行隔离，康复之后还要在医院隔离观察一段时间。

第二阶段，由于同属欧盟成员国，意大利和德国之间的人员往来比较自由，所以意大利暴发疫情之后，德国被感染的人数立刻暴增，这时候的疫情最难控制。在这种情况下，德国选择稳定民心，降低民众的恐慌。政府首先建议大家尽量不要去医院，以防交叉感染，如果觉得自己不舒服，可以先打电话咨询家庭医生。然后，相关部门在路边设置了非常多的检测站，为大家做核酸检测，并且随测随走，避免交叉感染。

第三阶段，感染人数依然很多，但在第二阶段工作的基础上，德国的疫情已经处于一个可控的状态。在这个阶段，德国迅速开始进行分级管理，确保疫情范围不扩大。

德国的这一系列决策看似简单，但在决策过程中实际上使用了不同的决策工具，下面具体分析一下。

第一步，疫情刚刚暴发时，管还是不管？先要做个判断。德国选择的是管。这一个简单的决策，就使用了一种决策工具——利弊图，对比管与不管的后果之后，做出了"管"的判断。

第二步，用什么样的策略来管？这里会考虑两个维度的问题，第一个维度是被感染者人数的多少，第二个维度是疫情在目前阶段可控还是不可控。这里使用的决策工具是二维矩阵。在被感染者人数较少、疫情可控的状态下，就要严管，从源头阻断病毒；在被感染者人数较多、疫情不可控的状态下，就要降低恐慌；在被感染者人数很多但疫情可控的状态下，就要进行分级管理。

第三步，进行分级管理。此时会有很多不同的解决方案，这么多的方案，到底如何选择最优的那个呢？这个时候就要用到一种决策工具——优选矩阵。决策者根据自己的国力、经济水平、民生环境及方案的性价比，把各种策略进行对比，从中选择一个最优的。

这三种决策工具如图 4-1 所示。

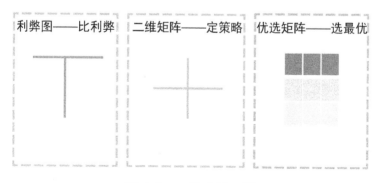

图 4-1　三种决策工具

这三种决策工具的使用场景如下。

- 利弊图：用于“是”或“否”这种二选一情境下的决策。
- 二维矩阵：用于在不同情境下选择不同的策略。
- 优选矩阵：用于当方案很多时，选择最优策略；或者用于对策略进行排序。

接下来介绍一下这几种决策工具。

第一节　利用利弊图做决策

先来看看利弊图这个工具，如图 4-2 所示。

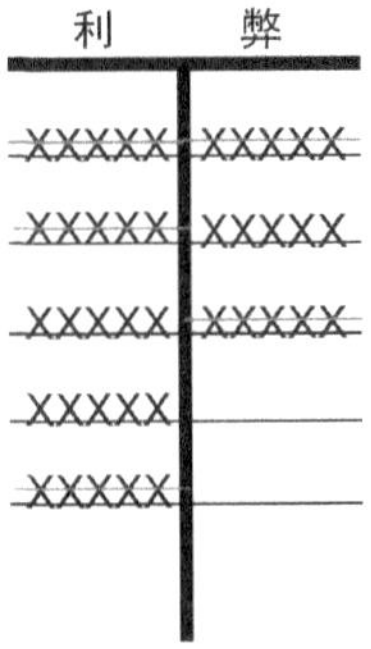

应用场景：

- 决策结果为“是”或“否”的情境
- 个人、快速决策

使用方法：

1. 分别列出利弊项
2. 划掉对决策影响不大的选项（价值替代）
3. 对剩余选项进行比较，确定最终结果

图 4-2　利弊图

利弊图可以用来展示与情景、问题或流程相关的积极影响（有利因素）和消极影响（有害因素），特别适用于解决冲突问题。

利弊图的使用方法也很简单，只需要将方案所带来的可能的利弊项分别列出，然后划掉对决策影响不大的选项（价值替代），对剩余选项进行比较，即可确定最终结果。

美国著名企业可口可乐公司，曾重新设计了 2 升装的可乐瓶，目的是想让瓶子看上去更加吸引人，激发顾客更大的购买欲。新设计借鉴了原来经典的玻璃瓶包装，但瓶身设计得有点高，很难在直立状态下放进冰箱，而水平放置可乐是非常愚蠢的举动。结果可想而知，原本购买可口可乐的顾客开始转向购买它的竞品——百事可乐。可口可乐公司为了激发顾客的购买欲，制定了改变瓶身的方案，却带来了瓶子放不进冰箱的问题。显然，可口可乐公司在做决策时只考虑了单一项，即瓶身加高后，是否更具吸引力，却忽略了消费者的使用便利性。换句话说，可口可乐公司在这次决策中，只看到了决策的利，没有看到决策的弊。

凡事只要涉及利弊的选择，就可以使用利弊图来进行思考和表达。下面举一个生活中的例子。

针对要不要买房这件事，就可以用利弊图进行判断。可以把买房的所有优势都列出来。例如，买房之后就有了一个真正属于自己的家；自己的家可以按照自己的喜好来装修；满足自己对房型、地理位置的偏好，等等。那买房的弊呢？最明显的一个弊端就是要花钱。买房需要付出很高的成本，不管是首付还是月供。把利弊都列出来，如图 4-3 所示。

利	弊
有了属于自己的家	
可以按自己的喜好装修	需要付出大量首付资金，且月供不低，对生活质量有较大影响
满足自己对房型、地理位置的偏好	

图 4-3　买房的利与弊

把所有利弊都列出来之后，接下来就要用衡量利弊的方式进行彼此抵消。这里的抵消不是说利与弊的数量抵消，而要从它们的权重去抵消，要进行"等价衡量"。例如，有时候仅仅"缺钱"这一个"弊"，就有可能抵消所有三条"利"。你可以用抵消的方式看最后剩下了什么。如果剩下了利，那就代表这件事利大于弊，是可以做的；如果剩下了弊，那就代表这件事弊大于利，那你可能就会选择放弃了。

利弊图特别适合单一问题要素，将其用于个人决策的场景，可以帮助你快速得出结果。例如，对于以下这些问题，你都可以试着使用利弊图来做决策。

- 生二胎还是不生二胎？
- 沟通还是不沟通？
- 加班还是不加班？
- 划船还是爬山？

- 工作是选钱多离家远的还是选钱少离家近的？
- 和张三合作还是和李四合作？
- 选择 A 方案还是 B 方案？

利弊图虽然简单好用，但适用范围比较窄，毕竟它只能对一个二选一的问题进行利弊分析。如果选择多了、维度多了，利弊图就有些不够用了。

> **本节内容精要**
>
> 本节介绍了使用利弊图做决策的方法。利弊图是一个非常简单易用的决策小工具，使用起来既直观又方便，利用摆出利弊并对应消除的方法，帮助我们做出决策。

第二节 利用二维矩阵做决策

第一节介绍了利弊图，它是一个简单好用的决策工具，适合对简单的二选一问题进行利弊分析。但在现实生活中，更多的时候你面临的是更复杂的决策。其中一个特别普遍的决策场景是由两个维度交叉决定的。在这种场景下，你需要使用另一种决策工具——二维矩阵。

二维矩阵的第一个典型应用场景是时间管理。在进行时间管理时，可以按照重要不重要、紧急不紧急，将不同的事情放在对应的象限中，如图 4-4 所示。

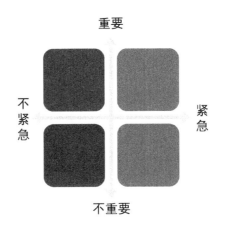

图 4-4　二维矩阵在时间管理中的应用

二维矩阵的第二个典型应用场景是情境管理，如图 4-5 所示。

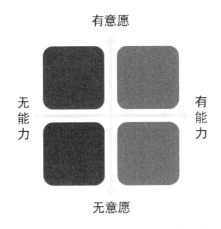

图 4-5　二维矩阵在情境管理中的应用

管理者该用什么样的方式管理下属，不是由管理者的喜好决定的，而是由他管理的那些对象的特点决定的，即针对不同管理对象的特点选择适合的管理方式。通常通过两个维度来描述下属：有没有能力和有没有意愿。使用二维矩阵，按照这两个维度，可以将下属分为四类。第一类是既有能力又有意愿的下属，这也是管理者最喜欢的下属类型。对这样的下属，充分授权就好了。第二类是有能力但没意愿的下属，这类人往往都是老员工，工作时间久了，缺乏工作激情。对这样的下属，可以给予物质激励或换岗，让对方有点新鲜感。第三类人是有意愿但没能力，这类人往往都是新员工，可以对他们进行培训或辅导，快速提升其工作技能。最后一类是既没能力也没意愿的下属。对这类人必要的时候可以辞退他们。

二维矩阵的第三个典型应用场景是制定产品发展策略。例如，西方管理学经典工具"波士顿矩阵"，如图 4-6 所示。它通过找到产品最重要的两个维度——市场占有率和销售增长率，对公司的产品群进行分析，从而看到不同产品的不同发展前景，并为此制定不同的发展策略。

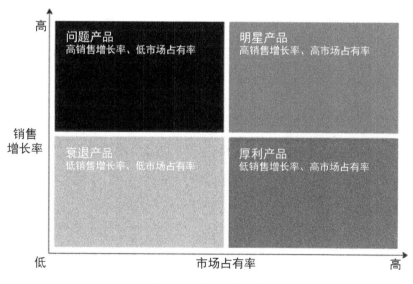

高

问题产品
高销售增长率、低市场占有率

明星产品
高销售增长率、高市场占有率

销售
增长率

衰退产品
低销售增长率、低市场占有率

厚利产品
低销售增长率、高市场占有率

低　　　　　　　市场占有率　　　　　　高

图 4-6　波士顿矩阵

那么，二维矩阵应该怎么使用呢？

第一步，选择维度。 维度怎么选？与你的决策结果最相关的要素就是维度。例如，在进行时间管理时，重要的事情和紧急的事情这两个维度就是与结果最相关的要素。

第二步，将两个维度交叉形成四个象限。 将两个维度交叉形成四个象限，并给每个象限下定义，针对每个象限的特点给出对应的决策结果。

下面看两个例子。

第一个例子前文提到过，就是某房地产企业降低费效比的例子。第一步，把所有的销售楼盘归纳出两个维度。第一个维度是楼盘本身的体量大小，如 10 亿元以上属于大体量，10 亿元以下属于小体量；第二个维度是销售的难易程度。第二步，将这两个维度交叉，就形成了四个象限。然后把对应的费效比的目标值填入各象限，从而指导企业选择不同的应对方案。

第二个例子是一家证券公司。该公司销售人员遇到的一个问题是整体的经营业绩不太好，希望找到提高经营业绩的方法。营业部负责人认为公司经营业绩不好的核心原因是产品有问题，产品本身并不符合所有人的需求，他希望公司推出的产品可以满足客户的所有个性化需求。但是现实中基本上不太可能有这样的产品。

那怎么办？用二维矩阵。首先，把所有的客户进行归类，然后以合适的产品去匹配这些客户的需求。这位营业部负责人虽然已经在公司工作了很长时间，但说到给客户分类，他就有些为难了。于是我给了他一个描述客户时经常使用的二维矩阵，该矩阵的一个维度是购买能力，另一个维度是购买意愿。在证券行业，购买能力代表客户的资金量。例如，资金量大于 50 万元的，代表购买能力高；资金量小于 50 万元的，代表购买能力低。那么购买意愿是什么？就是指客户在证券行业的抗风险能力。将这两个维度交叉，四个象限就出来了，就可以据此对客户进行分类了。分类之后，再将企业的产品与四个象限一一对应，从而得出基本的销售策略。

所以说，在寻找解决方案的过程中，可以先使用二维矩阵将问题中的因素理清楚，决策就不是什么难事了。

本节内容精要

本节介绍了利用二维矩阵做决策的方法。二维矩阵的最大优势是可以借助最重要的两个维度，对决策内容或对象进行清晰的划分，它虽然不能直接给你答案，但可以帮助你厘清思路，最终做出选择。

第三节　利用优选矩阵做决策

前两节介绍了利弊图和二维矩阵，利用这两种工具，基本上能够解决日常的简单或复杂问题。但现实中还有一类场景，那就是有很多选项，而且无法通过类似二维矩阵的方式简化这些选项。那么，遇到这样的复杂场景，怎么才能在众多选项中选出最适合、最优的那个呢？这就需要用到第三种决策工具——优选矩阵。

◀◀ 认识优选矩阵

美国社会心理学家巴里·施瓦茨在《选择的悖论》一书中说："选择过多使人们做决定的过程更艰难。"

现在人们的生活节奏越来越快，很多人的身体都处于亚健康状态，尤其是肥胖问题，太过肥胖会严重影响人们的身体健康。小王原本是一位身材苗条的小姑娘，前一阵由于工作压力特别大，让她养成了暴饮暴食的习惯。虽然不久以后她调整好了工作状态，暴饮暴食的习惯却没有改掉，最终她的体重竟然达到了83千克，这对身高一米六五的小王来说，有点过于肥胖了。而且随着体重的增加，小王不仅身体健康受到了严重的影响，原本活泼开朗的她性格也变得孤僻起来，人也越来越不自信了。

为了健康、美观并重拾自信，小王也曾经几次尝试节食减肥，但最终都失败了。于是小王决定向减肥专家请教。减肥专家给了小王三个建议：节食运动法、抽脂法和药物减肥法。

这几种减肥方法，大家应该都不太陌生，节食运动法属于是常规减肥法，而抽脂法和药物减肥法虽然见效快，但对身体有一定的损伤，一般情况下不太推荐。

小王在常规减肥法"效果不太好"的情况下，想试一试抽脂法和药物减肥法。不过减肥专家并没有排除常规的节食运动法，而是给出了一套更加科学的饮食搭配参考和运动计划，并声称比小王自己制定的节食计划减肥效果要好。现在小王面临究竟用哪种减肥方法的难题。

案例中的小王面临多个选择，可以使用优先矩阵，因为优先矩阵正是一种在多个方案中择优选择的定量分析方法。

⧏⧏ 优选矩阵的使用方法

优选矩阵其实是一个表格，在这个表格中，把所有影响选择的维度都罗列出来，然后通过综合评价选出最优者。表格的前两列表示序号和待选项，中间几列用于根据不同的衡量维度对待选项打分，最后两列填写各维度分数合计并排序，如图 4-7 所示。

序号	减肥方法	衡量维度1 (1～N分)	衡量维度2 (1～N分)	衡量维度3 (1～N分)	合计	排序
1	节食运动法					
2	抽脂法					
3	药物减肥法					

图 4-7 使用优选矩阵选择减肥方法

首先，可以确定各待选项，在前文小王的案例中，待选项就是三种不同的减肥方法。而衡量标准不是唯一的，只要和目标有关，都可以作为衡量维度，如效果、投入、时间、副作用/反弹、艰难程度等。

列出各维度之后，给每个维度赋予 1～N 分的分值范围。为了方便计算，一般 N 的取值与待选项数量一致，如在本案例中，可以取 3。也就是说，对效果、投入、时间、副作用/反弹、艰难程度这几个维度从 1 分到 3 分打分，如图 4-8 所示。

序号	选项	效果	投入	时间	副作用/反弹	艰难程度	合计	排序
1	节食运动法							
2	抽脂法							
3	药物减肥法							

图 4-8　选择衡量标准

首先看"效果"维度。 根据相关专业人士的评价，药物减肥法效果最好（只看效果，先不考虑副作用），它能用较短的时间让人瘦下来，因此给该待选项打 3 分；抽脂法的效果比药物减肥法稍差一些，因为它虽然见效快，但是会造成人体皮肤松弛，产生难看的皱纹，这需要很长一段时间才能恢复，因此给该待选项打 2 分；效果最差的就是常规的节食运动法，因此给该待选项打 1 分。

其次看"投入"维度。 节食运动法不需要额外花钱，主要是改善生活习惯，因此给该待选项打 3 分；抽脂法和药物减肥法都需要额外花钱，其中抽脂法的花费最高，因此给该待选项打 1 分，药物减肥法花费次之，因此给该待选项打 2 分。

再次看"时间"维度。从减肥速度上看，抽脂法最快，它借助外力直接将人体的皮下脂肪抽离出去，效果立竿见影，因此给该待选项打 3 分；药物减肥法时间稍长，毕竟它是通过服用药物来提高代谢速度的，或者通过服用药物减少人体对食物的吸收，需要经过一段时间才能看出效果，因此给该待选项打 2 分；节食运动法耗时最长，因此给该待选项打 1 分。

然后看"副作用/反弹"维度。这个维度比较难打分，因为常规的节食运动法如果不一直坚持，就容易反弹。而抽脂法和药物减肥法的副作用或反弹也很明显：抽脂法的反弹率最高，因为如果饮食习惯没有彻底改变，即便脂肪被抽离，之后很大概率还会恢复肥胖；药物减肥法容易产生激素紊乱等副作用。所以对这个维度可以根据自己的判断打分。这里给药物减肥法打 1 分，给抽脂法打 2 分，给节食运动法打 3 分。

最后看"艰难程度"维度。从这个维度看，常规的节食运动法毫无疑问打 1 分，因为它最难坚持。而抽脂法和药物减肥法相对来说更容易实现，因此给抽脂法打 2 分，给药物减肥法打 3 分。

给所有维度打完分之后，接下来就要对这三个待选项在各维度的得分进行加总，最后节食运动法得 9 分，抽脂法得 10 分，药物减肥法得 11 分，最终得分如图 4-9 所示。

那么小王最后可能会首先选药物减肥法，其次是抽脂法，最后选择常规的节食运动法。当然，这只是一个例子，要想长期保持健康的身体，还是要保持合理的饮食结构和适量的运动。

序号	选项	效果	投入	时间	副作用/反弹	艰难程度	合计	排序
1	节食运动法	1	3	1	3	1	9	3
2	抽脂法	2	1	3	2	2	10	2
3	药物减肥法	3	2	2	1	3	11	1

图 4-9　各待选项的最终得分

⏮ 使用优选矩阵时的注意事项

第一，每次比较必须在同一维度下进行，然后计算得分。最不应该出现的情况就是，一看药物减肥法，主观上觉得它哪哪都不好，于是各维度都打 1 分，这就失去了使用优选矩阵的意义。这个工具的目的，就是在同一维度下将各待选项两两比较，然后进行综合判断。

第二，比较两个待选项时尽量不打同样的分。当然理论上是可以这样打分的，但并不建议这样做。如果某一列的分数一样，也就是说在某个维度上各待选项分值一样，那就没有比较的必要了，这一列就没有存在的意义了。

你可能还会发现，优选矩阵看上去是一个定量分析工具，但实际上它是定性工具中的一个偏定量的工具，因为在整个比较过程中，带有相当多的主观色彩。

同时，优选矩阵也有一定的适用范围。如果待选项太多，打分难度会呈指数级上升。因此，对优选矩阵来说，它所能处理的待选项数量也不能太多。

总之，优选矩阵是在处理复杂的问题，并且面对多种选择时，进行最优决策的一个很好的工具，它能帮助你快速地在大量选择中做出判断。这个工具的好处是可以帮助你进入理性思考的过程，而不是看到选项一多，就全凭主观判断。此外，这个工具还可以帮助人们在同一个问题上达成共识。

◄◄ 优选矩阵的使用场景

优选矩阵在生活场景中的应用

举个例子。我有一个好朋友，本人特别优秀，但由于眼光比较高，到现在还没结婚。有一次跟她聊天说起这事儿，她说其实她不是没有候选人，只是很犹豫，不知道选谁合适。于是我向她介绍了优选矩阵，开玩笑说让她试一试。没想到过了几天，她特别高兴地给我打电话说："你介绍的那个工具真有用，我对他们打完分之后，终于选出来了。"

事实上，帮她做出最后决策的真的是这个工具吗？当然不是，她心里可能早就有了选择，工具只是在帮助她做验证，如果结果和她原本的选择一样，她就会觉得太好了，这简直就是"天意"。

所以说，工具的确很重要，但每个人都是解决自己的问题的专家，工具只能起到辅助作用。

再举一个例子。买过房子的人都有体会，家里几个人在买房的问题上意见经常不一致，有的人侧重于地段，有的人侧重于价格，有的人侧重于面积……大家很难达成一致，不知道该买哪套，此时就可以使用优选矩阵工具来帮助大家做决策，如图 4-10 所示。首先把所有人考虑的维度都列出来，如房子的地段、面积、价格、户型/朝向、配套设施、学区等。接下来根据这些维度，对所有的待选房子进行打分。可能大家在分值上会有争论，但有了这些细分项，相对来说达成一致的难度就会大大降低。每个维度的分数都出来之后，再算总分，最后排出优选顺序。这个工具之所以好用，其实就是因为你在使用这个工具的过程中，既把争执点前置了，也把争执点细化了，从而更容易与大家达成共识。

序号	选项	地段	面积	价格	户型/朝向	配套设施	学区	合计	排序
1	选项1								
2	选项2								
3	选项3								
4	选项4								

图 4-10　使用优选矩阵解决买房问题

优选矩阵在工作中的应用

假设你之前通过头脑风暴、对标或创新的方式，找到了很多解决方案，那到底选择哪一个或哪几个呢？下面我为大家提供一个优选矩阵的框架模板。在选择方案时，通常考虑这样几个维度，如图 4-11 所示。

序号	方案	时间	有效性	可行性	成本	风险	合计	排序

图 4-11　优选矩阵在工作中的应用框架模板

首先看"时间"维度。时间是指这个方案推行之后，它的执行时间和显示效果的时间。时间越长，得分越低。

其次看"有效性"维度。有效性是指这个方案执行之后能不能达成你最初设定的目标。有效性越好，得分越高。

再次看"可行性"维度。可行性是指在解决问题的过程中，将所有的资源限制汇总在一起后，看这个方案是否可以执行。可行性越大，得分越高。

然后看"成本"维度。成本是指在执行方案的过程中要花费多少人力、物力、财力。显而易见的是，成本越高，得分越低。

最后看"风险"维度。风险越大，得分越低。

以上这些维度是在工作中普遍使用的维度。当然，你也可以根据自己在决策过程中的权重分配，使用更加准确的加权优选矩阵，从而得出最优方案。

◄◄ 加权优选矩阵

在实际使用优选矩阵的过程中，你可能还会遇到一种情况，就是最后得出来的最高分有两个甚至更多。这个时候如何选择？可以使用加权优选矩阵。什么叫加权优选矩阵呢？其实它就是一个升级版的优选矩阵。你会发现，在前面列举的案例中，都是假定所有维度对结果的影响是一样的，但现实生活中是这样吗？当然不是。所以这个时候可以给不同的维度分配不同的权重。

仍以买房子为例，对绝大多数人来说，价格可能是一个最大的影响因素，因此至少要赋予其 50%的权重，地段、面积、户型/朝向等其他维度可能对结果只有 10%～20%的影响。给各维度分配了权重之后，就不能将各维度的得分直接相加了，而是要乘以对应的权重再加总，这样就不容易出现分数相同的结果了。这就是加权优选矩阵。

本节内容精要

　　本节介绍利用优选矩阵做决策的方法。优选矩阵工具与利弊图和二维矩阵相比更加复杂，但它功能更全，适用面更广。利用优选矩阵，通过对多个维度的考虑，可以更加立体和全面地分析待选项的优劣，为最终决策提供全面的参考。

第五章

制订计划，实施计划

在前面几章，你明确了目标，拆解了问题，针对拆解出来的关键要素制定了相应的方案，并使用决策工具选择了相应的策略，可以说，现在你距离问题的解决只差最后一步了。这一步，就是解决问题体系中的第五步：制订并实施计划。

你可能会问，前面不是已经找到解决方案了吗？按照方案执行不就行了吗？先别着急，找到了方案，只是找到了接下来做事情的方向，但是有方向和最终把事情落实之间还有一段距离。

例如，你用决策工具确定了"到底应该选择哪个方案"后，接下来的问题就变成了"如何才能贯彻和落实这个方案"，这是一个项目问题。

这时候，你就正式进入了项目实施阶段。首先你要明确一个概念：无论项目大小，都是一个复杂的工程，只有将复杂的工程拆解成一个个简单的行为动作，才能真正执行下去。古话说，"千里之行，始于足下"，就是这个意思。

第一节　应用工具，分解任务，将方案细化为工作计划

那么，我们如何才能将一个复杂的项目分解成可执行的简单动作呢？在分解过程中，有的人关注项目实施过程，有的人关注项目实施结果，从而形成了不同的分解思路。

◂◂ 三种常用的任务分解方法介绍

举一个大家都熟悉的例子。在孩子写作业这件事情上，同样是想知道孩子什么时候能写完作业。有的家长会这样问："写得怎么样了？什么时候才能写完？"有的家长会这样问："还有多少没有写？"这两句简单的问话，关注点却不一样，前者关注的是过程，孩子也只能回答过程；后者关注的是结果。两种不同的问法，代表了两种任务分解的方法。

第一种任务分解方法被称为工作分解结构（Work Breakdown Structure，WBS）。WBS 关注的是方案实施的整个过程，或者说方案实施过程中的细节，所以使用 WBS 将项目分解后，你得到的是一个个"工作包"。所谓工作包，简单地说，就是一个个动作，如钢板切割、零件焊接等，都是具体的动作。

　　第二种任务分解方法被称为项目分解结构（Project Breakdown Structure，PBS）。PBS 关注的是方案实施的结果。它不太关注细节和具体的动作，只关注在某个时间点应该产生什么样的结果。这个结果可能是达成某个目标，或者是生产出某种中间产物，如生产 10 块钢板、组装好一台机器等，都是具体的结果。

　　除了这两种以事件为主体的任务分解方法，还有一种以人或人的职能为主体的任务分解方法，被称为组织分解结构（Organization Breakdown Structure，OBS）。OBS 关注的是对完成工作任务的部门或个人有层次的组织安排，如给飞机加钢板需要安排材料运输小组、设备操作小组等。

　　对这三种方法简单地总结一下就是，WBS 负责把一整套动作拆解成小的动作模块，每个模块的动作都做到位了，那么整个动作就完成了，问题也就解决了；PBS 负责把大项目拆成一个个小项目，把大的产品拆成一个个小的子产品，把每个子产品做好，大产品也就做好了，问题也就解决了；OBS 负责把与解决问题相关的所有人员组成的一个大组织，分解成一个个小组织，每个小组织完成其负责的工作后，整个工作就完成了，问题也就解决了。

　　这三种任务分解方法其实没有好坏之分，区别只在于侧重点和关注点不一样，你可以根据具体的场景选择不同的方法。如果需要关注过程，对每个动作进行把控，就可以选择 WBS；如果需要关注结果，了解各部分的结果状态，就可以用 PBS；如果需要关注组织配合度，对工作中人的部分加强监督和管控，就可以使用 OBS。更多的时候，人们会主要使用一种分解方法，然后交叉使用两种或三种分解方法。

本节重点讲述如何使用 PBS 进行任务分解。

◄◄ 使用 PBS 进行任务分解

使用 PBS 进行任务分解时，首先需要知道一个项目所对应的结果是什么。一般来说，这个结果就是这个项目的最终交付物。为了达成这个交付物，必须先达成很多子交付物。只有把这些子交付物都达成了，那个最终交付物才能达成。而在每个子交付物的达成过程中，又需要做一些动作和具体的步骤，这样，就把整个项目一级一级地拆解出来了。

例如，某个项目的最终交付物是一支包装好的圆珠笔，那么，这里的子交付物是什么呢？一个带着包装的圆珠笔可以被拆解成哪些组件呢？拆解结果是：包装、笔头、笔帽、笔杆、笔芯，所以你可以把"一支包装好的圆珠笔"分为五个子交付物。接下来继续拆解：做笔帽需要什么动作和步骤？做笔芯需要什么动作和步骤？以此类推。这就是在 PBS 的基础上，辅以 WBS 的任务分解方法。

案例 1：向客户邮寄台历

每到年底，很多企业都需要做一些礼品送给客户。这些礼品上一般都会印有企业的标识。把礼品送给客户一来可以拉近企业与客户的关系，二来可以借机宣传企业的品牌和产品。在礼品的选择上，很多企业都会选择台历。接下来就以邮寄台历为例，看看到底怎样分解这个任务。

在分解任务之前，应该先明确最终交付物。这里的最终交付物是"向客户邮寄台历"。要想把这件事完成，可以这样分解：

第一，因为需要在台历上印上企业的标识，所以要先看看提供的标识是否符合企业的品牌要求。因此，标识是一个子交付物。

第二，礼品是台历，那台历就是一个子交付物。

第三，制作台历需要进行成本审核，所以成本审核表就是一个子交付物。

第四，对台历要进行包装，这里的包装就是一个子交付物。这个包装有外包装，同时还要配上一张贺卡，并把贺卡放到信封里，给客户邮寄过去。

第五，明确需要给哪些客户邮寄台历。因此，客户名单及对应的邮寄信息就是一个子交付物。

最后，给客户邮寄台历，所以寻找合适的邮寄方式就是一个子交付物。

以上就是根据"向客户邮寄台历"这个最终交付物分解出来的所有子交付物，如图 5-1 所示。

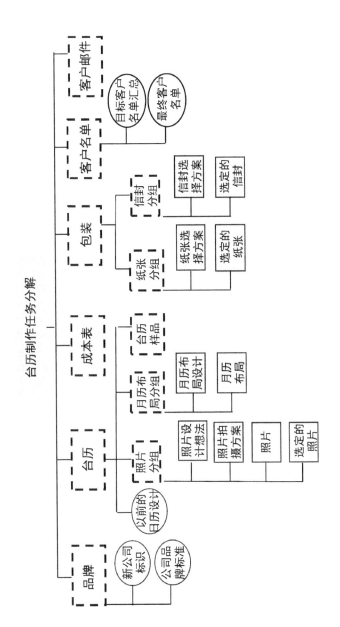

图 5-1 "向客户邮寄台历"任务分解

当然，这里有一些是重点子交付物，如台历。做台历并不简单，因此可以把这个子任务再往下分解。例如，看看以往的台历是怎么设计的，有没有可以借鉴的地方，有没有需要调整的地方；今年的台历需要加入哪些新信息，如公司的新地址、新产品的照片等；台历的设计和布局。最后出一个样品。

案例2：解决窜货问题

一家做日用品的企业，其主要销售模式是渠道销售。但是在渠道销售过程中发生了一个问题，有经销商私下"窜货"。窜货是什么意思？在渠道分级管理过程中，每个渠道都覆盖一定的区域，不同的渠道有不同的价格体系，有的高一些，有的低一些。企业希望所有的经销商都遵照既定的价格，在自己所属的区域销售，这样可以保证市场环境有序。有些经销商为了获取更大的利益，会想办法把自己较低价格获取的货源，卖到价格相对较高的区域。尤其在当今信息透明度极高的情况下，各区域的零售价格一目了然，更容易出现窜货问题。

这里的低价货源是怎么来的呢？第一，可能某个区域有一些特殊的客户，经销商为此申请了一笔特殊的低价货品。第二，可能经销商每年的任务完成得特别好，企业会给其一笔市场奖励费用，补贴到货品的价格中，导致拿货价很低。

总之，这家企业面临特别严重的渠道窜货问题。现在，问题说清楚了，接下来是设定目标：在二季度末解决60%的窜货问题。最终交付成果是将窜货率降到40%。

接下来就使用 PBS 进行任务分解。

第一阶段的子交付成果：签订协议，收取押金。要想保证经销商不窜货，就要让经销商知道：企业现在要开展反窜货活动，你要参加这场活动，就要跟企业签订一份协议。因此，第一阶段的子交付物就是让 90%的经销商签订反窜货协议，让大家对外达成一致。为了实现这个子交付成果，需要做出以下行为。

第一，签订反窜货协议。指标是至少有 90%的经销商签订协议。

第二，交保证金。有时候光签订协议还不够，还要经销商交纳一定的保证金。如果经销商违反协议，那就没收保证金。

通过第一阶段，至少能够让所有的经销商提高反窜货意识，或者对企业的反窜货决心有一定的认识。

第二阶段的子交付成果：开展相关活动，建立抵制窜货的企业文化。要想降低窜货率，光签订协议、收取押金可能还不够，毕竟发生窜货行为，不光是渠道的问题，企业内部的管理人员也有一定的责任。这个时候要在企业内部开展活动，"全员抓窜货"，如举办一场抓窜货 PK 大赛。所以第二阶段的子交付成果就可以定义为"启动抓窜货 PK 大赛"。为了实现这一子交付成果，需要做以下三件事。

第一，全员宣导。召开宣导会，所有人都得参加，让企业内部员工了解企业反窜货的决心和政策。

第二，举办一场声势浩大的抓窜货 PK 大赛启动大会。

第三，明确奖惩制度。例如，如果发现企业内部有人协助经销商窜货，就将这个人解雇。对于抓到窜货者最多的员工，给予物质或其他奖励。通过这种方式，在企业内部建立起浓厚的反窜货文化。

第三阶段的子交付成果为：在整个客户层面建立反窜货文化。不光企业内部，企业外部的购买者也要参与反窜货行动。具体做法如下。

第一，在每家经销商的店里张贴企业的反窜货政策。

第二，在消费者群里进行宣导，劝告消费者不要贪图便宜买窜来的货，否则企业无法提供售后服务等，从而促使消费者在本区域经销商处购买产品。

第三，建立消费者举报奖励机制，一旦举报核实，那么消费者就会得到相应的物质奖励。

就这样，使用以 PBS 为主的任务分解方法，把"将窜货率降到40%"这个最终交付成果分解成几个具有里程碑意义的子交付成果，并针对每个子交付成果，细化具体的实现步骤和行为。

那么，对于这些细化的步骤和行为，应该如何排序呢？先做哪些，后做哪些？这就需要在分解任务后对任务进行统筹管理。

> **本节内容精要**
>
> 本节介绍了制订计划进行任务分解的三种工具：以任务行动为基础的 WBS、以子交付成果为基础的 PBS 和以岗位职责为基础的 OBS。在实际的计划制订过程中，这三种工具往往是交叉使用的关系。

第二节　估算任务时间，对任务进行统筹管理

说到统筹管理，不得不提到一个经典案例——华罗庚先生的《统筹方法》一文，相信大家都不陌生。以下节选了该文章的部分内容。

比如，想泡壶茶喝，当时的情况是：开水没有；水壶要洗，茶壶、茶杯要洗；火已生了，茶叶也有了。怎么办？

办法甲：洗好水壶，灌上凉水，放在火上；在等待水开的时间里，洗茶壶、洗茶杯、拿茶叶；等水开了，泡茶喝。

办法乙：先做好一些准备工作，洗水壶，洗茶壶、茶杯，拿茶叶；一切就绪，灌水烧水；坐待水开了泡茶喝。

办法丙：洗净水壶，灌上凉水，放在火上；坐待水开；水开了之后，急急忙忙找茶叶，

洗茶壶、茶杯，泡茶喝。

哪一种办法省时间？我们能一眼看出第一种办法好，后两种办法都"窝了工"。

在这个案例中，涉及统筹管理的两项工作：估算时间，以及确定顺行或并行关系。还有一项工作在这个案例中没有体现出来，因为这个案例太过简单，各项任务都很直观，而在现实工作中会有很多复杂的项目，单纯靠记忆是不够的。这项工作就是画出甘特图。

因此，统筹管理总结起来就是三步：第一步，估算各项任务的耗时；第二步，确定任务与任务之间的顺行或并行关系；第三步，画出甘特图。下面分别讲述这三步，并在每一步给出了一个切实可行的方法。

◄◄ 用专家估算法估算各项任务的耗时

拿上文的反窜货案例来说，具体步骤都有了，接下来这些步骤是顺行进行还是并行进行？对此你可能无法马上做出判断，因为你还不知道每一步具体需要多长时间。所以在判断顺行或并行之前，得先估算各项任务的耗时。

需要强调的是，无论采用哪种方法，都不建议使用平均值法。西方有句谚语："永远不要踏入一个平均只有 40 厘米深的水池。"为什么？水池的平均水深是 40 厘米，但有的地方可能只有 4 厘米深，有的地方则可能有 4 米深，所以平均值很可能会产生极大的偏差。

任务分解也一样，细分任务中有难有易，有耗时的、不耗时的，要分别对待。

那不用平均值，还有什么别的方法来估算细分任务的耗时吗？在这里我给大家介绍一个方法——专家估算法。这里说的专家，并不是指某些大机构的专业人士，而是指完成任务的人。

首先，把任务向所有参与的人讲清楚，让大家清晰、准确地知道自己要估算什么。这一步是估算的前提。

然后，在没有任何人干扰的情况下，每个人独立写出估算结果，之后大家一起对比各自的结果。一开始你会发现大家的估算是有差异的，但有差异没关系，接下来让大家各自讲出自己得出估算结果的理由。在这个过程中任何人都不做评价。所有人讲完后，再次进行估算。估算完毕，再次对比各自的结果，并各自讲述理由。几轮之后，大家的数值就趋于一致了。之所以能实现这样的结果，是因为从第二轮估算开始，每个人都受到其他人上一轮给出的理由的影响。

当然，为了提高估算的准确度，还有一些要求：第一，大家的工作能力相当；第二，大家对整个事情的了解程度也是清晰的、一致的。只有符合这两个要求，才能得出一个比较接近的、理性的数值。

⏪ 确定任务与任务之间的顺行或并行关系

当你拿到所有细分任务的耗时估算值后，就可以着手判断和设计细分任务之间的顺行或并行关系了。这里的设计原则有三个。

- 有严格逻辑顺序的细分任务，只能顺行。例如，只有刷完水壶才能用水壶烧水，这个顺序是不能改变的。
- 看似没有直接逻辑关系但必须借助同一事物（人或设备）才能启动或完成的两项细分任务，必须顺行或间隔执行，而无法并行。
- 注意各项细分任务之间的最短时间间隔或最长时间间隔。例如，从水烧开到泡茶，这两项任务不能间隔太久，否则水就凉了；有时因为茶叶品种不一样，不能用刚烧开的水泡，必须等水温下降到某个适合的温度才能泡茶。这一点在实际工作过程中往往容易被忽略。

◀◀ 画出甘特图

甘特图（Gantt Chart）又称横道图，以提出者亨利·劳伦斯·甘特（Henry Laurence Gantt）先生的名字命名。甘特图的基本思想其实非常简单，就是通过图中的时间刻度和活动列表来描述项目中各项任务的活动顺序和持续时间，如图5-2所示。

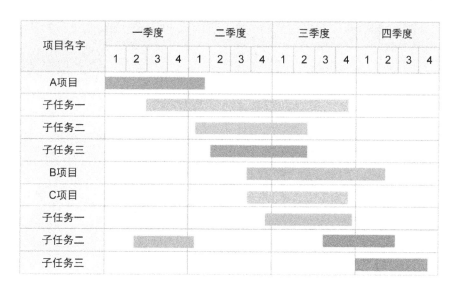

图5-2　甘特图

每张甘特图至少有纵轴和横轴两条线，其中横轴表示时间，纵轴表示各项任务，对应的线条表示各项任务的起止时间和延续长度。将通过专家估算法制定的、设计好了顺行和并行关系的工作计划在甘特图中体现出来，非常生动形象，易于管理项目的进展。

这里以上文的泡茶为例，看一下应该如何制作甘特图。

第一步：画出坐标轴。横坐标对应时间，纵坐标对应各项任务，如图 5-3 所示。

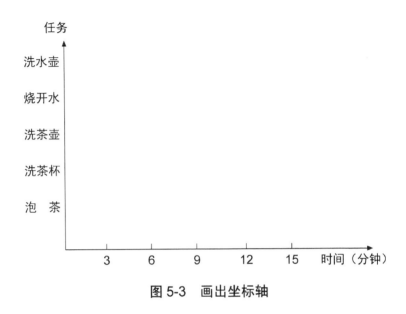

图 5-3　画出坐标轴

第二步：按照估算时间，为每项任务画出线条，如图 5-4 所示。

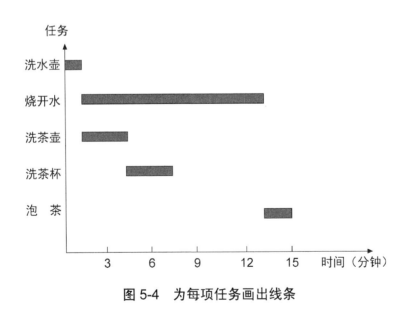

图 5-4　为每项任务画出线条

注意，在画图的过程中，不要忘记线条的起止点，对应的是这项细分任务的开始和结束时间，它们应与前面和后面的相关任务不冲突。

当然，泡茶的案例比较简单，所以其甘特图看起来特别清晰。其实越是复杂的工程、项目，越应该用简洁直观的方式呈现出来。例如，某道路与广场改造项目的甘特图如图 5-5 所示。

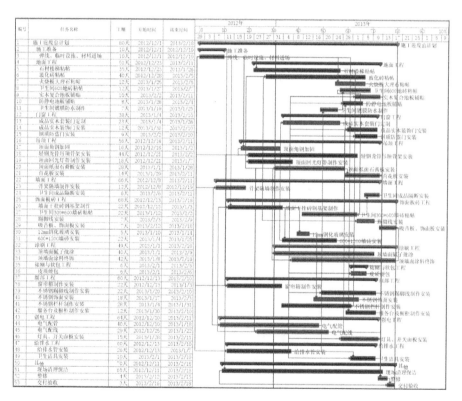

图 5-5　某道路与广场改造项目的甘特图

细分任务看上去繁多，但具体到每个时间节点应该做什么工作，哪些工作应该进行到什么阶段，哪些工作应该出成果了，在甘特图中全都一目了然。

> **本节内容精要**
>
> 本节介绍了什么是统筹，以及如何使用专家估算法估算各项任务的耗时。任务与任务之间的串行或并行关系直接决定了计划的内容，你可以根据单项任务的时间和各项任务之间的串行或并行关系画出甘特图。

第三节　执行计划

到目前为止，你已经找出了问题的关键要素，针对各要素制定了详细的解决方案，并通过工作任务分解和统筹管理方式，将方案细化成了行动计划，那么问题是否就彻底解决了呢？并没有。

先来看一则有趣的寓言。

在一群老鼠的居住地附近，有一只凶狠无比又善于捕鼠的猫。因为这只猫的存在，老鼠们每天都胆战心惊，恐惧无比。为了解决这个"生死存亡"的问题，老鼠们聚在一起，讨论如何解决这个"心腹大患"。

这些老鼠都很"聪明"，懂得一些解决问题的方法与套路，对问题分析得很透彻，对自己的实力也了如指掌，所以它们并没有一上来就指望除掉这只恶猫，而是经过不断的方案选择，最终决定采取一些方法探知猫的行踪，早做防范，从而减少不必要的鼠员损失。

最终，老鼠们决定：在猫的身上挂个铃铛，这样一旦猫靠近它们，铃铛发出的声音就可以提醒它们。老鼠们越想越觉得这个方案可行，于是它们仔细选择铃铛的材质、大小，并且制订了详细的计划，诸如行动时机、行动时的注意事项等，所有的步骤都完美无缺。那么问题来了：谁来给猫挂铃铛？

从这个例子中，可以得到两点启示。

- 制订计划时，一定要注意可行性。
- 制订的计划无论有多完美，如果无法执行，那就没有任何效果。

其中第二点尤其重要。毕竟，一个方案即便可行性不高，也是有可能达成的，但是如果不去执行，那么再可行的计划也等同于废话。就好比朋友已经进门落座，而你的茶具都还在角落里吃灰，即使你把那张甘特图贴在天花板上，又有什么用呢？最重要的就是行动起来！

此外，如果你将"如何完成自己的人生目标"或"如何实现企业的愿景"作为你需要用很长时间来解决的终极问题，那么你面对的所有问题的解决过程，需要的一定不只是一次行动，而是要形成从计划到执行的良性循环。

◄◄ PDCA 循环

很多人对 PDCA 都不陌生，它是一个模型、框架，由美国学者爱德华兹·戴明提出，因此也称戴明环。PDCA 模型主张针对工作按计划（Plan）、执行（Do）、检查（Check）与调整（Act）四步来进行，以确保目标的达成，并促使目标品质的持续改善，如图 5-6 所示。

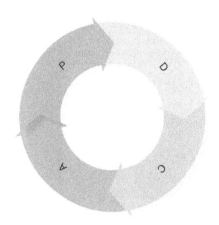

图 5-6　PDCA 模型

图 5-6 中：

- P 表示计划。包括战略、目标和计划的确定。

- D 表示执行。根据已知的信息、现有资源，设计方法、方案，进行具体的运作，实现计划中的内容。

- C 表示检查。总结计划执行的过程和结果，识别对错，明确效果，找出问题。

- A 表示处理或调整。这一步是对检查结果进行处理，可以是对优点的强化，也可以是对缺点的弥补。有些学者使用 Adjust 替代 Act，从而更好地与执行（Do）区分开来。

以上四个步骤不是运行一次就结束了，而是周而复始地运行，一个循环结束了，解决了一些问题，未解决的问题进入下一个循环，阶梯式上升，直到所有问题都解决完，如图 5-7 所示。

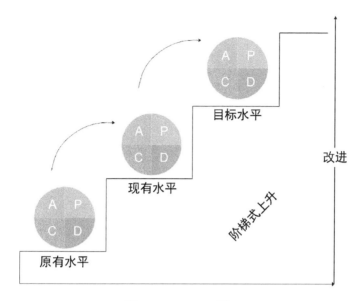

图 5-7　PDCA 循环

⏮ 行动需要克服拖延

拖延，可以说是人的天性。

拖延就是明知道如果不立即开始行动，势必对自己的学习、生活或工作产生恶劣的影响，却仍然自愿推迟行动。拖延会使人们的工作陷入恶性循环。

在生活中，拖延的表现有很多，下面列举一些比较常见的，对比一下，看看你是否也有过这些表现。

- 赖床。
- 设定多个闹钟，但一定会等到最后一个闹钟响起才会起床，甚至干脆放弃早起的念头。

- 睡前一直玩手机，往往玩到眼睛发酸、头发晕，才放下手机。
- 经常会错过计划好的睡觉时间，然后不断告诫自己下次要早睡，然而到了第二天仍然晚睡，甚至比前一天更晚。
- 下决心要减肥，但是计划拖了一天又一天也没有开始，或者坚持不了多久，看到美食就沦陷了。
- 做事的时候总要等到整点才开始。
- 本来计划好了做一件事情，但容易被其他的小事分散注意力，如先泡杯咖啡、玩会儿手机，总觉得拖延个一时半会儿问题不大。

……

我想大部分人都或多或少地会有以上几种表现，那怎么办呢？《战拖行动》一书的作者皮尔斯·斯蒂尔作为全球拖延症研究领域的权威，通过对拖延症的分析，总结出了一个公式：

行动动机=（期望×价值感）÷（拖延冲动×可推迟时间）

这个公式非常直观地表示出，要想提高行动动机，要么加大期望和价值感，要么减小拖延冲动和可推迟时间。基于这个公式，斯蒂尔给出了三种摆脱拖延的方法。

方法一：适度的乐观自信

乐观自信对战胜拖延来说很重要，只有这样你才能行动起来。你可以从小事做起，降低行动的初始阻力，这样更容易获得成就感；你也可以多读一些励志故事，让自己变得积极向上；你还可以想象一下将事情做完以后的样子，用假想的成功来对抗行动的阻力。所以，当你接到组织分配的任务后，不妨试着想一下：如果我能非常出色地完成这项任务，会是什么样的？

方法二：找到事情的价值

不管是谁，一旦觉得某件事情很无聊，就想拖延。其实任何一件事情，可以是琐碎的，也可以是高尚的。想必你一定听过三个石匠的故事。

有三个石匠在打石头。有个路人经过，问他们在做什么。

第一个石匠说："我在打石头，养家糊口。"

第二个石匠说："我在做全国最好的石匠活。"

第三个石匠抬起头，眼里闪烁着光芒，说："我在建造一座大教堂。"

甚至就连收拾房间这样的琐事，也可以赋予它一个"给亲人和朋友提供一个温暖的家"的价值观。所以，你的任务可以是"养家糊口的硬石头"，也可以是"大教堂最关键的一块基石"。

方法三：防止分心

分心也是造成拖延的主要原因，要采取一些方法，消除让自己分心的那些诱惑。主观上，你要锻炼自己抵抗诱惑的能力，如尝试一小时内不看手机。客观上，你可以将产生诱惑的物品移除，如换一个更加简洁的工作环境、和家人商量好工作期间的家庭秩序等。所以，任务当前，要时刻提醒自己，专心点！

◀◀ 检查容易被忽视的内容

试想以下两种情况，哪种情况更让你抓狂呢？

情况一：你交给同事或下属一项任务，对方说没问题。之后的一周平安无事，但你放心不下，就去问对方事情进展如何。对方回答说："我早就做完了。"

情况二：领导交给你一项很紧急的任务。你接过任务一看，确实挺重要的，于是你加班加点赶了出来，第一时间交到领导手里。之后的一周平安无事，但你内心有点疑惑：我到底做得怎么样呀？于是你就去问了领导。他说：有些数据处理得不太好，我自己做了一份。

其实无论以上哪种情况，都存在一个问题，那就是双方没有在第一时间给出反馈。所谓反馈，就是彼此之间将工作中发现的问题、了解的情况如实地告诉对方。反馈包括告知信息和指导改正两个要素。反馈是一种帮助他人向正确的方向前进并取得成果的方式。

◀◀ 处理环节承上启下

处理阶段作为一次 PDCA 循环的最后一步，其根本目的是在检查阶段对执行过程或执行结果给出反馈后，讨论后续的行动方案。这些方案可以是对之前三个环节中好的方面的强化和固化，也可是对之前三个环节中坏的方面的弥补或调整，也可以两者兼具。因此，处理环节发挥着承上启下的作用，在总结和反思的基础上，为下一次 PDCA 循环做好准备。

本节内容精要

本节介绍了 PDCA 循环在解决问题过程中的应用。当你明确了目标、拆解了问题、锁定了要素、制订了方案和计划之后，就可以启动 PDCA 循环，并通过行动、检查、调整这几步推进这个循环，最终解决问题。

本书内容精要

至此，本书已经接近尾声。让我们回顾一下这本书都讲了什么。

核心内容一：解决问题遵守的三个原则

第一个原则：所有的问题都有特定的目的。它构成了我们解决问题的初心。

第二个原则：所有的问题都可以被拆解。拆解就是要把问题中的所有要素呈现出来，并根据特定的逻辑对其进行排列组合，从而给出对应的方案和决策。这种对问题结构的清晰认识，构成了我们解决问题的决心。

第三个原则：所有的问题都有特定的逻辑和解决方案。结构思考力的问题解决方案，给了我们解决问题的信心。

核心内容二：解决问题遵循的五个步骤

第一步：明确目标，界定问题。在这一步，要识别、描述清楚一个问题。

第二步：拆解问题，锁定要素。在这一步，要拆解问题，找到影响问题的所有要素，并把各要素进行分类。在分类的过程中，区分出表面原因和根本原因。

第三步：针对要素，制定方案。在这一步，要针对表面原因和根本原因，给出对应的解决方案。

第四步：选择决策，确定方案。在这一步，要对众多备选方案进行决策，选择最优的一个。

第五步：制订计划，实施计划。在这一步，要把上一步选择的最优方案转化成行动计划，然后执行到位。

本书的一个基本观点是：只要在清晰思考的基础上使用科学的方法，无论是企业还是个人，都一定能够找到解决问题的方案。因此，还是那句话："每个人都是解决自己的问题的专家。"外部的工具和方法都只能起到辅助作用，思考结构是否清晰决定了问题解决的最终成效。

希望通过本书的学习，能让你在使用结构思考力解决问题的实践过程中体会到乐趣，同时享受到解决问题带给你的成就感。

版权课程产品体系与服务体系

以结构思考力®为核心的产品体系

产品体系：结构思考力®系列版权课程为 2 门独立的版权课程，以"改善国人思维，提升企业沟通效率"为目标。

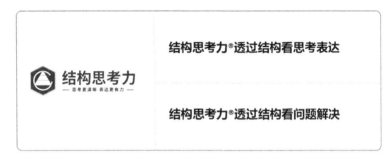

服务体系：线上线下相结合的系统化"思考力"解决方案

结构思考力研究中心服务体系包括视频课、训练营等线上产品，以及公开课、内训、学习项目、版权认证等线下课学习形式，逐步形成了以高质量的培训课程为基础，以高切合的师资团队为核心的产品结构和服务模式，为客户提供优质解决方案。

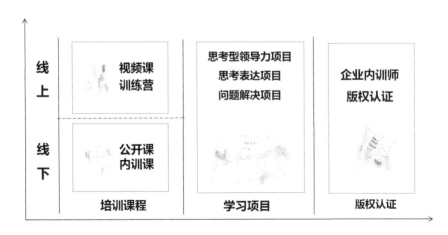

反侵权盗版声明

电子工业出版社依法对本作品享有专有出版权。任何未经权利人书面许可，复制、销售或通过信息网络传播本作品的行为；歪曲、篡改、剽窃本作品的行为，均违反《中华人民共和国著作权法》，其行为人应承担相应的民事责任和行政责任，构成犯罪的，将被依法追究刑事责任。

为了维护市场秩序，保护权利人的合法权益，我社将依法查处和打击侵权盗版的单位和个人。欢迎社会各界人士积极举报侵权盗版行为，本社将奖励举报有功人员，并保证举报人的信息不被泄露。

举报电话：（010）88254396；（010）88258888

传　　真：（010）88254397

E-mail：dbqq@phei.com.cn

通信地址：北京市万寿路173信箱

电子工业出版社总编办公室

邮　　编：100036